**7**つのステップでしっかり学ぶ

# よくわかる 建築の監理業務

大森　文彦
後藤　伸一
宿本　尚吾

大成出版社

装幀　髙橋裕美

## ■はじめに

　わが国では、一定の建築物の「設計」と「工事監理」は、建築士法によって建築士でなければすることが出来ない、とされています。しかしながら、「監理（工事監理を含みます。以下同じ）」の業務については、社会的に未だ正確な認識や理解が十分共有されていないという声をよく聞きます。

　たとえば、これから建築物を建てる建築主は、工事監理の業務について、契約に先立って、建築士法の規定による「重要事項説明」を建築士事務所から受けているはずですが、建築士が行う設計、あるいは工事施工者が行う建築工事とは全く別に、独立した業務として、それらと同じく重要である、建築士が行う「監理」という業務があることを認識し、その内容をよく理解しているかといえば、甚だ疑問と思えるケースを散見します。

　また、建築士であっても、設計はともかく、「監理」の業務の重大性をよく認識し、その役割を十分理解している人は、それほど多くはないようです。このように、「監理」が一般に認識されにくい原因のひとつには、建築士法では「工事監理」という用語について、ごく簡単に規定しているだけで、その詳細等は示されていないことも挙げられるかもしれません。

　本書は、設計や監理等の業務委託契約の受託者として、契約責任を負う「建築士事務所の開設者」、建築士事務所の技術的な事項を総括する「管理建築士」、実際の業務を行う「担当建築士」などの実務者に向け、適切な「監理」業務の遂行にあたり、監理に関する基本事項の理解を徹底するための「手引き」として活用されることを目的としています。

　同時に、「建築主」や「事業主」、そして、工事請負契約によって工事を行う「工事施工者（建設業者など）」にとっても、建築工事における「監理」とは何か、それは、工事施工者が行う施工管理や工事管理とどう違うのか、あるいは、それが建築生産の中でどのような意味を持っているのか、といった総合的な視点も意識しつつ記述し、建築に係わるすべての関係者の理解の一助となることを意図して構成しています。

　すなわち、本書は、発注者も含めた建築物の生産に関与するあらゆる

人々が、広く「監理」について共通した理解を持ち、そのことによって建築生産の各プロセスが円滑に進捗し、遂行されることを意図して、建築士による「監理」の業務の内容をできるだけ平易に解説する、というねらいのもとに構成されています。

　本書の主要なテーマである「監理」の業務は、委託者と建築士事務所が締結する業務委託契約によって実施され、また建築士法に規定される工事監理を含んでいることから、契約を含めた法的な基本事項及び建築士制度の理解などが必要となるので、本書ではこれらについても簡潔でわかりやすく解説したつもりです。

　なお、実務者は、監理業務の詳しい契約内容等について、本書とは別に大成出版社から刊行されている「四会連合協定建築設計・監理等業務委託契約約款の解説」や「民間（旧四会）連合協定工事請負契約約款の解説」もあわせてお読みいただけると、より一層その理解が深まると思いますので、ぜひこれらの解説書にもお目通しいただければ幸いです。

2013年8月<br>
執筆者代表　大森文彦

## ■本書の目的と構成

本書、「よくわかる建築の監理業務」は、

> ① 「建築士」が、自らの行う「監理業務」(本書では、特に断りがない場合には「監理」という表現には、工事監理が含まれています)の概念(考え方)や内容をよく理解する。
> ② 「委託者」(建築主など、仕事を頼む人のこと。)が、何のために監理業務は実施されるのか、また建築工事では、「工事監理者を定める」ことが何故、建築主の義務として建築基準法で定められているのかなどについて、よく理解する。
> ③ 「工事施工者」が、工事請負契約に基づいて行う「施工管理」などの業務と、建築主が依頼した「(工事)監理者」が業務委託契約に基づいて行う「監理業務」との関係やそれぞれの権限、責任の違いなどをよく理解する。

ことなどを目的として、必要な解説を示し、さまざまな関連する情報を整理し、それらをテーマごとに7つのステップにわけて、段階的に説明しています。

本書は、まず読者がテーマにかかわる内容の理解度を、自身で確認するためのSTEP 1「建築の監理業務─学習の前に─3つのポイントとウォーミングアップ課題」から始まります(実務者以外の方は、このウォーミングアップ課題をスキップして、STEP 2以降の学習後に、理解度の確認のためもう一度STEP 1の課題に戻り、あらためて解答されても結構です)。

そして、STEP 1からSTEP 6まで、原則として1日1ステップずつ、6日間で内容を理解し、その後、本書全体の復習及びまとめとしてSTEP 7で、学習内容を再度確認すると、ちょうど1週間程度で、建築の監理業務に関する基本的な内容を学習できる構成になっています。

もちろん、理解の度合いによっては、より短時間で学ぶことも、あるいは、さらに時間をかけて学ぶことも可能ですが、基本的には毎日1時間程

度、1ステップずつ1週間の継続学習によって、じっくり学ぶことをぜひお薦めします。

　各ステップには、キーワードとポイント、さらには、本書の学習に必要な基礎的な用語等についての「基本事項の解説」（各ステップの注記、文中に※のあるもの）を掲載していますので、わかりにくい言葉などは、何度でも繰り返してこの解説を参照してください。

　なお、本書で解説する建築工事における監理、工事監理の業務については、

　　ⅰ）「建築士法」による建築士、建築士事務所の業務に係る定め。
　　ⅱ）「建築士法」及び「建築基準法」による工事監理及び工事監理者に係る定め。
　　ⅲ）「平成21年国土交通省告示第15号」（本書では告示第15号、又は単に告示という場合があります）による「工事監理に関する標準業務」及び「その他の標準業務」の内容等。
　　ⅳ）「平成21年国土交通省告示第15号」及び「通知」による「追加的な業務」の内容等。
　　ⅴ）平成21年9月1日付国土交通省住宅局建築指導課による「工事監理ガイドライン」。
　　ⅵ）「四会連合協定建築設計・監理等業務委託契約約款・基本業務委託書・オプション業務一覧」等。
　　ⅶ）「民間（旧四会）連合協定工事請負契約約款」による監理者の業務。

などから、本書で引用した部分の内容を直接に参照することができます。

　工事監理者として行うことが法で定められた業務（法令上の義務となっている規定）は、これを行わなければ法令違反として懲戒処分等の対象となる可能性があります。ただし、実際には業務委託契約によって行う個別の監理業務では、工事監理を含めて建築物の類型や建築条件、契約条件等によって、業務の履行方法は異なり、また、それぞれの監理者の考え方によっても異なる場合があるので、実務にあたっては、本書で提示した内容は、履行すべき義務ではなく、あくまで参考としていただき、善管注意義

務（民法第644条）を果たしながら、個々の実務者が自らの判断と責任で業務にあたる必要がある、という点については十分ご注意ください。

　さらに、本書のシリーズのひとつとして「四会連合協定建築設計・監理等業務委託契約約款の解説」（平成21年9月版：大成出版社）が刊行されています。また同じシリーズで「民間(旧四会)連合協定工事請負契約約款の解説」（平成21年7月版：大成出版社）が刊行されています。監理業務の契約内容等についてさらなる理解を深めるためにも、インターネットやパンフレットで公開されている前記ⅰ）からⅴ）の情報とあわせて、本書と共に、これらの解説書などを同時に参照されることをぜひお薦めします。

7つのステップでしっかり学ぶ **よくわかる 建築の監理業務**
contents｜目　次

はじめに
本書の目的と構成

## STEP 1　建築の監理業務　―学習の前に―
―3つのポイントとウォーミングアップ課題― …… 1

1-1　学習の前に　―確認すべき「3つのポイント」― ………… 2
　1）**ポイント1**―建築の「工事監理」は、建築工事の「監理・管理」ではない ……… 2
　2）**ポイント2**――定の建築物の新築工事では、工事監理を行わせなければ、建築主は建築工事をすることは出来ない ……… 4
　3）**ポイント3**―公法と私法によって工事監理、監理の違いや責任を理解する ……… 6
　　　　　　　基本事項の解説❶ …… 7
1-2　「ウォーミングアップ課題（25題の設問）」を解いて見よう ……… 9
　　ウォーミングアップ課題 ……… 10

## STEP 2　建築の「監理」と「工事監理」のしくみについて理解しよう
15

2-1　建築の「監理」と「工事監理」のしくみ、意味や違い等を理解しよう ……… 16
　1）建築の監理業務とは ……… 16
　2）工事監理業務とは　―工事監理は法で義務として定められている業務― ……… 19
　3）監理業務と工事監理業務におけるそれぞれの責任の基本的な考え方 ……… 20
　　　　　　　基本事項の解説❷ …… 23
2-2　工事監理が公法上の規定である理由等について ……… 25
　1）建築士法に規定する工事監理の意味 ……… 25

i

　　　　2）なぜ工事監理は公法上の義務として規定されている
　　　　　のか ·············································································· 26
　　　　　　　　　　　　　　　　　　基本事項の解説 ③ ····· 28
　2-3　法では（2つの）区別がある建築士が行う業務　―独
　　　　占業務（資格が要件となる業務）と非独占業務（資格要件
　　　　がない業務）― ································································ 29
　　　　1）独占業務、非独占業務とは ········································ 29
　　　　2）独占業務と非独占業務が混在（並存）する契約上の
　　　　　監理業務 ·········································································· 31
　　　　　　　　　　　　　　　　　　基本事項の解説 ④ ····· 32
　2-4　監理者と工事監理者　―契約（私法）上の立場と建築
　　　　士法（公法）上の立場― ················································ 33
　　　　《STEP 1：ウォーミングアップ課題の解答》 ·················· 38

# STEP 3　工事監理の業務について見てみよう
　　　　　　　　　　　　　　　　　　　　　　　　　　　　39

　3-1　工事監理の対象、範囲と確認の方法 ···························· 40
　　　　1）工事監理（業務）は何を、どこまで、どのようにやる
　　　　　のか ·················································································· 40
　　　　2）工事施工中に監理者（又は監理者と同一人である設
　　　　　計者）が業務の中で、設計の補完行為や設計変更を自
　　　　　由に行うことは出来るのか ········································ 43
　　　　　　　　　　　　　　　　　　基本事項の解説 ⑤ ····· 44
　3-2　工事監理業務の内容 ·························································· 46
　　　・工事監理（及び工事監理に関する）業務の内容
　　　　　―3つの資料から― ···················································· 46
　　　　A．告示第15号の「工事監理に関する標準業務」の内容 ····· 47
　　　　　1．工事監理方針の説明等の業務 ································ 49
　　　　　　1）工事監理方針の説明 ············································ 49
　　　　　　2）工事監理業務方法変更の場合の協議 ················ 50
　　　　　2．設計図書の内容の把握等の業務 ···························· 50
　　　　　　1）設計図書の内容の把握 ········································ 50
　　　　　　2）質疑書の検討 ························································ 50

3．設計図書に照らした施工図等の検討及び報告の業
　　　　務 …………………………………………………………… 50
　　　　1）施工図等の検討及び報告 ……………………… 50
　　　　2）工事材料、設備機器等の検討及び報告 ……… 51
　　　4．工事と設計図書との照合及び確認の業務 ……… 51
　　　5．工事と設計図書との照合及び確認の結果報告等の
　　　　業務 ……………………………………………………… 51
　　　6．工事監理報告書等の提出の業務 ………………… 52
　　B．工事監理ガイドラインに見る工事監理の業務の内容 ……… 53
　　C．四会連合協定建築設計・監理等業務委託契約書類の業
　　　務委託書に見る「工事監理に関する業務」の内容 ………… 54
　　　　　　　　　　　基本事項の解説 ❻ …… 57

## STEP 4　工事監理に関する業務を除くその他の監理業務について見てみよう　59

　　4-1　工事監理及び工事監理に関する業務を除くその他の監
　　　理業務とは ………………………………………………… 60
　　　A．告示第15号による「その他の標準業務」の内容 ……… 61
　　　1．請負代金内訳書の検討及び報告の業務 ………… 61
　　　2．工程表の検討及び報告の業務 …………………… 61
　　　3．設計図書に定めのある施工計画の検討及び報告の
　　　　業務 ……………………………………………………… 61
　　　4．工事と工事請負契約との照合、確認、報告等の業
　　　　務 ………………………………………………………… 62
　　　　1）工事と工事請負契約との照合、確認、報告 ……… 62
　　　　2）工事請負契約に定められた指示、検査等 ……… 62
　　　　3）工事が設計図書の内容に適合しない疑いがある
　　　　　場合の破壊検査 …………………………………… 62
　　　5．工事請負契約の目的物の引渡しの立会いの業務 …… 62
　　　6．関係機関の検査の立会い等の業務 ……………… 62
　　　7．工事費支払いの審査の業務 ……………………… 63
　　　　1）工事期間中の工事費支払い請求の審査 ……… 63
　　　　2）最終支払い請求の審査 ………………………… 63

　　　　B．四会連合協定建築設計・監理等業務委託契約書類の
　　　　　　業務委託書による「その他の業務に関する基本業務」
　　　　　　の内容 ……………………………………………………… 63
　4-2　標準的な業務内容に含まれない追加的な監理業務の内
　　　　容 ……………………………………………………………… 64
　　　・（告示第15号別添四の引用）
　　　　「工事監理に関する標準業務及びその他の標準業務に
　　　　付随する標準外の業務」 …………………………………… 64
　　　・《通知Ⅱ-1・4-(2)-(ハ)の引用》 ………………………… 65
　　　・《四会約款の監理のオプション業務参考例の抜粋・引
　　　　用》—「オプション業務サンプル一覧表」より抜粋—
　　　　 ……………………………………………………………… 65
　　　　　　　　　　　　　　　　　　基本事項の解説 ⑦ …… 67

## STEP 5　（工事）監理者にとって必要な最小限の法的知識を学ぼう
—監理と工事監理の契約責任と法的義務、権限等— …… 69

　5-1　監理業務の法的責任の種類 ……………………………… 70
　　　1）公法と私法 ………………………………………………… 70
　　　2）公法上・私法上の法的責任 ……………………………… 70
　　　　　　　　　　　　　　　　　　基本事項の解説 ⑧ …… 72
　5-2　契約責任 …………………………………………………… 72
　　　1）契約とは …………………………………………………… 72
　　　2）契約の成立 ………………………………………………… 72
　　　3）契約の成立と建築士法 …………………………………… 73
　　　4）契約の効力 ………………………………………………… 73
　　　5）契約責任と約款 …………………………………………… 74
　　　　　　　　　　　　　　　　　　基本事項の解説 ⑨ …… 74
　5-3　工事監理・監理の契約上の注意義務 …………………… 75
　5-4　四会連合協定建築設計・監理等業務委託契約約款 …… 75
　　　1）四会連合協定建築設計・監理等業務委託契約約款の
　　　　制定・改定 ………………………………………………… 75
　　　2）四会約款の概要 …………………………………………… 75
　　　3）業務委託書の概要 ………………………………………… 76
　　　　　　　　　　　　　　　　　　基本事項の解説 ⑩ …… 76

iv

| | | |
|---|---|---|
| 5-5 | 不法行為責任 | 77 |
| | 1）不法行為とは | 77 |
| | 2）不法行為責任と建築士法 | 77 |
| 5-6 | 監理者と工事監理者の権限 | 79 |
| | 1）監理者の権限 | 79 |
| | 2）工事監理者の権限 | 80 |

## STEP 6　（工事）監理者が知っておくべき手続き、しくみを学ぼう
—工事監理の規制等—　81

| | | |
|---|---|---|
| 6-1 | 建築士法 | 83 |
| | 1）建築士法の概要 | 83 |
| | 2）建築士の業務独占 | 84 |
| | 3）設計・工事監理の定義 | 84 |
| | 4）建築士事務所登録等 | 86 |
| | 5）工事監理と建築士法 | 87 |
| | 6）建築士法のその他の規定 | 88 |
| 6-2 | 建築基準法 | 88 |
| | 1）建築基準法の概要 | 88 |
| | 2）建築基準法における建築規制 | 89 |
| | 3）工事監理と建築基準法 | 90 |
| | 4）建築基準法のその他の規定 | 90 |
| 6-3 | 建設業法 | 91 |
| | 1）建設業法の概要 | 91 |
| | 2）建設業許可制度 | 91 |
| | 3）建設工事の請負契約 | 92 |
| | 4）建設工事の施工技術の確保 | 92 |
| | 基本事項の解説 ⓫ | 92 |
| 6-4 | 工事監理に関する手続き、しくみ | 93 |
| | 1）設計段階の措置 | 93 |
| | 2）工事監理段階の措置 | 94 |
| | 3）工事施工者に対する措置 | 94 |
| | 4）監理業務と建築士法、建築基準法 | 95 |
| 6-5 | 処罰規定と処分等の事例 | 95 |
| | 1）建築士法に基づく懲戒処分、監督処分等 | 96 |

|   |   | ① 建築士が行った場合 | 96 |
|---|---|---|---|
|   |   | ② 建築士以外の者が行った場合（業務独占を違反した場合） | 97 |
|   |   | 2）処分基準 | 97 |
|   |   | 3）処分事例 | 98 |
|   | 6-6 | 業務報酬基準（告示第15号） | 100 |
|   |   | 1）業務報酬基準の構成 | 101 |
|   |   | 2）工事監理に関する標準業務 | 101 |
|   |   | 3）設計・工事監理を行う場合の業務報酬の算定方法 | 102 |

## STEP 7　本書の内容をもう一度確認しよう
―建築の監理業務のまとめ―　　105

| 7-1 | STEP 1〈建築の監理業務―学習の前に― ―3つのポイントとウォーミングアップ課題―〉のまとめ | 105 |
|---|---|---|
| 7-2 | STEP 2〈建築の「監理」と「工事監理」のしくみについて理解しよう〉のまとめ | 120 |
| 7-3 | STEP 3〈工事監理の業務について見てみよう〉のまとめ | 124 |
| 7-4 | STEP 4〈工事監理に関する業務を除くその他の監理業務について見てみよう〉のまとめ | 127 |
| 7-5 | STEP 5〈（工事）監理者にとって必要な最小限の法的知識を学ぼう〉のまとめ | 129 |
| 7-6 | STEP 6〈（工事）監理者が知っておくべき手続き、しくみを学ぼう〉のまとめ | 133 |

あとがき　　139

# Step 1 建築の監理業務
―学習の前に―

―3つのポイントとウォーミングアップ課題―

　本書は、建築士が行う建築の「監理」や「工事監理」について、建築の実務者や、これから建築物を建てようと考えている建築主、工事施工者などに向けてその内容を平易に解説し、基本的な事項をよりよく理解していただくことを目的に書かれたものですが、STEP1では、読み始めるにあたり、特に確認しておきたい3つの重要なポイントを「学習の前に」として、まとめています。このポイントをよく確認することで、STEP2以降の内容が、さらに理解しやすくなるはずです。あわせて「基本事項の解説」もぜひ参照してください。

　次に、建築士など、主に建築をつくる行為を日常業務としている実務者に向けて、本書のテーマである「建築の監理業務」の関連事項について、現時点での理解度を自ら確認するために「ウォーミングアップ課題（25題の設問）」を準備しています。建築の監理業務の理解度に自信のある方も、あまり自信がないという方も、ぜひ問題に挑戦してみてください。

　なお、本書は「監理」や「工事監理」のしくみ等について「ほとんど何も知らないという方」、また「建築の実務者、建築士などの資格者、建築主のいずれにも該当していないという方」にも手に取っていただけるように内容を構成しています。そうした方々は、とりあえず、この「ウォーミングアップ課題」をスキップしても結構です。STEP2からの「建築の監理業務」にかかわる全ての内容を学習した後に、この「ウォーミングアップ課題」に戻り、あらためて挑戦してみてください。本書の学習による理解度（学習効果）を自ら確認することができます。

　ウォーミングアップ課題は、建築士の行う監理を中心とした業務にかかわるコメントの内容の正誤（○×）を判断する問題になっています。これらの設問は、本書の構成に沿った基礎的な内容で構成されています。また、問題の中に誤った表現や内容があるとすれば一体どの部分が、どのように

誤っているのかについても一緒に考えてみてください。なお、自信を持って正誤を判断できない問題については、とりあえず解答しておき、自己採点後にSTEP7の解説等を確認してください。

　設問は25問あります。解答後に38頁（STEP2の最終頁）の《ウォーミングアップ課題の解答》欄をみて、1問4点の配点で自己採点してみてください。本書のテーマについて、自らの理解度を自己判定してみましょう。本書では、誤った表現や内容があるとすれば、どこが、どのように誤っているかといった問題内容の解説、また、内容を理解するためには、本書のどのステップを参照すればよいかなどについて、STEP7にまとめてありますので、各ステップを段階的に学習した後に、もう一度よく確認してください。

## 1-1　学習の前に　―確認すべき「3つのポイント」―

　建築の監理（工事監理を含みます）とは、どのような業務なのか、についてそのしくみ等を学習する（中身を知る）前に、ここでは、以下の3つの重要なポイントを予め確認しておきましょう。ひとまず、この内容を確認した後に、STEP2以降で監理、工事監理について詳しくその意味や内容を見ていきたいと思います。

### 1）**ポイント1**―建築の「工事監理」は、建築工事の「監理・管理」ではない

　建築の設計、（工事）監理、施工の各々の業務は、ひとつの建築物をつくる行為としてはつながっていますが、それぞれ異なった役割を受け持つ独立した業務です。

　ところが、従来の「工事監理」に関する解説書や、専門家向けの講習会などを見聞きしていると、次の①～③のような説明に出会うことがあります。

> ①工事監理の目的は、あくまで建築工事の各段階における適切な品質管理にある。
> ②工事監理は、良質な施工を実現するための業務である。たとえば、コンクリート工事における工事監理は、あくまで良質なコンクリートを打設することを目的として行う業務である。
> ③工事監理や監理は、あくまで設計業務の延長であり、不適切な設計内容を修正し、不十分な設計内容の補完行為として行うべき業務で、その結果として、良質な建築物を完成させることが、工事監理や監理業務の本来の目的である。

　本書のテーマは、建築の工事施工段階における建築士の業務としての「監理」や「工事監理」についてです。それぞれの考え方やしくみは、これから詳しく見ていきますが、まずこれらの表現、特に「工事監理」という言葉によく注意してください。この用語は「建築士法」に規定されているものですが、実際には専門家、資格者でも、上記のごとくその正確な理解は十分でない場合も多いかもしれません。

　「工事監理」は、その言葉が持つ響き、語感によって、建築士などの資格者や専門技術者が、工事施工者の上に立つ立場から、十分な品質管理、良質な施工を実現することなどを目的として行う業務であり、具体的には、当該目的を達成するために建築工事全般について監理し、監督し、指導する、あるいは、工事現場や施工を管理し、運営するような業務と思われがちですが、実は、建築士法で規定している「工事監理」は、それらについては全く触れておらず、かなり限定的な業務を指しているのです。

　同じく、建築工事でよく用いられる「施工管理」、「工事管理」、「監理技術者」などの用語は、工事施工者が行う業務や施工上の用語、あるいは建設業法の規定によっており、直接的には、建築士法でいう「工事監理」とは全く別の内容を指しています。

　もし、監理や工事監理が、上記①〜③で説明されるような業務であるとすれば、建築工事の施工の結果や品質管理に、何らかの不具合や問題があった場合、その責任はすべて工事施工者のみならず、監理者、工事監理者も同様に負うこ

とになる可能性があります。

　直接的な施工責任を工事施工者ではない、つまり工事請負契約の当事者ではない監理者、工事監理者が、工事施工者と全く同じように負うことになるというのは、妙な話です。業務について正しく理解していないと、このように工事監理者があらゆる施工責任を無限定に引き受けるという誤った考え方につながりかねません。冒頭に挙げた①～③の事例は、監理や工事監理の業務を履行した結果による作用という意味では、全くの誤りとはいえないまでも、内容は不正確であり、むしろ多くの誤解を生みかねない不適切な表現といわざるを得ないでしょう。

　しかしながら、わが国では、工務店やハウスビルダー、ゼネコンなどによる設計・施工一括という受注形態（設計・監理・施工を一貫して同一者が行う生産システム）があり、こうした建築づくりの体制の場合、監理者として行う工事監理を含む監理業務と、工事施工者として行う品質管理や施工管理等の業務を、同一者や同一組織内で行うことが一般的です。

　したがって、設計・施工一括のケースでは、監理者、工事施工者という業務上の立場や業務内容、監理者としての監理業務上の責任と、工事施工者としての工事請負契約上のさまざまな責任の線引きは曖昧になりがちで、当事者の間でも、そうした区別の意識は希薄である場合が多いと思われます。

　いずれにしても、監理業務委託契約による監理者の業務とその責任、あるいは建築士法による工事監理者の業務とその責任は、どちらも工事請負契約による工事施工者の業務及び施工責任とは、本来別のものです。

　本書では、まず「工事監理」は、建築士法において特定の（限定的な）用いられ方をする用語（工事が設計図書のとおりにできているかいないかを、設計図書と照合して確認することのみを指している）であり、それは「建築工事」の全般的な監理・管理や品質管理を指すものではない、という点などに十分留意しながら読み進めてください。

## 2）ポイント2 ── 一定の建築物の新築工事では、工事監理を行わせなければ、建築主は建築工事をすることは出来ない

　建築の「工事監理」は誰が行わせる、あるいは、行うことのできる業務なの

でしょうか。

　わが国では、一定の建築物（建築物の面積・規模・用途などの規定によります。以下同じ）[※1]については、建築士[※2]である工事監理者を定めなければ、当該建築工事をすることは出来ない、という建築主[※3]の義務が建築基準法に定められています。[※4]このことの意味をよく理解することがとても大切です。

　つまり、工事監理を行うのは、誰の義務か、という点についてですが、上記の法の趣旨によると、工事監理は建築物を建築（新築）しようとする建築主（工事監理者を選ぶ義務がある）と建築士（建築主によって選ばれた資格者として工事監理を履行する義務がある）が行わなければならない義務ということになります。法では、一定の建築物の工事監理は、資格者である建築士でなければすることが出来ない、としていることから、一般的には、自らは資格者（建築士）ではない建築主が、建築士である工事監理者を定めて、その業務を行わせるために、建築士事務所の開設者との間で業務委託契約を締結します（この契約のしくみの詳細は23頁基本事項の解説②の※2などにあります）。

　一方で、法でいう工事監理、つまり「工事が設計図書のとおりに出来ているかいないか」を「設計図書」と照合・確認するシステムについては、国や特定行政庁などの公的機関が独自に検査員などを置いて、官庁施設のみならず、民間工事を含めたすべての建築物の着工から完成までのあいだ、これを一括して行うなどの方法も考えられますが、わが国では、そのようなしくみにはなっていません。建築士であれば業務独占（後述）の範囲内にある（資格要件に見合う）建築物[※5]について、建築主との業務委託契約によって、自ら（その者）の責任でこれを行うことができるのです。すなわち、建築士法[※6]などによる工事監理のしくみは、基本的に建築主や建築士への高い信頼を前提として、民間人にこれを行わせるという、かなり自由度の高い確認システムを法のもとに構築している、ともいえるでしょう。

　建築士法や建築基準法が施行されたのは昭和25年（1950年）ですから、特に戦後の国土の復興・成長期に向けて、官だけでは到底処理しきれない膨大な建築物の質や安全性の確保に向けた工事監理を想定して、結果的には、民の責任にこれを委譲し、公法上の責任や法的な注意義務を負うことを条件に、民間人を含めた国家資格者の独占業務として、個々の建築士にその者の責任で設計図

書との照合・確認業務を行わせるシステムを、国が「工事監理」として採用したことは、十分考えられるのではないでしょうか。

　こうした意味でも、特に、わが国の戦後復興から高度成長期の国土の建築環境の基盤整備等に、建築主の定めによって、契約上建築士が工事監理者として主体的に行うことのできる「工事監理」のシステムが果たした役割や貢献は、はかりしれないといってもよいのかもしれません。

　このような観点に立てば、わが国の建築の工事監理のシステムは、業務独占の付与と、民間人である建築主や建築士の責任を前提に成立するという意味において、近代市民社会におけるある種の成熟した確認システムのひとつであるといえるのではないでしょうか。

### 3）ポイント3 ─ 公法と私法によって工事監理、監理の違いや責任を理解する

　本書のテーマである監理の業務は、基本的には法や契約に位置付けられています。したがって、これらについて見ていくには、法と契約、法的責任等に関する基本事項の知識が必要となるでしょう。こうした最小限の基本事項については、STEP 5でわかりやすく解説しています。

　わが国の法には大きくわけて公法と私法の2つのグループがあります。公法とは憲法・刑法・税法・建築基準法[※7]など、国家と国民との間の権利義務の関係を定めた法のグループで、いわば国と人のタテの関係の法です。したがって、公法上の責任は国民が国家に対して負うことになります。本書でも頻繁に登場する建築士法や建築基準法は、もちろんこの公法のグループに含まれます。

　一方、私法とは、私人間（しじんかん）の権利・義務関係を規定する法であり、いわば国民（私人）と国民（私人）の間のヨコの関係の法律で、民法等がカバーする領域です。民法は、私的自治（契約自由）の原則などによる私人（国民）間の生活関係を規定する法で、現在、全1044条まであり、私法の一般法・実体法でその代表格とされています。請負契約、委任契約など、契約について定めるほか、不法行為などについて定めており、この私法上の責任は、民事責任と総称され、国民同士の間で負う責任となります。

　私たちが法的な責任を負うという場合には、実際には、公法上の責任（たとえば、建築基準法や建築士法などによる責任）と私法上の責任（たとえば、契

約による債務不履行責任や契約によらない不法行為責任）をそれぞれ、また同時に負う可能性があることを意味しています（71頁図5参照）。

この公法と私法についてよく知らなかった、という方は、まずSTEP5（69頁）の内容を確認してから、STEP2以降の学習を続けてもよいと思います。

本書で見ていく監理（私法上の契約、すなわちここでは監理業務委託契約によって行う）、工事監理（公法に定められている規定＋業務委託契約によって行う）について正しく理解するためには、ひとまず、この公法と私法について理解しておくことがとても重要になります。

以上の3つのポイントをよく確認して、常にこれらを意識しながら、読みすすめていただくことが、本書のテーマの理解には不可欠であると思われます。

### 基本事項の解説① ▶（STEP1-1の※注記）

〈一定の建築物〉とは[1]

　建築士法第3条第1項には1級建築士でなければできない設計又は工事監理、同法第3条の2の第1項には1級建築士又は2級建築士でなければできない設計又は工事監理、同法第3条の3の第1項には1級建築士、2級建築士又は木造建築士でなければできない設計又は工事監理の、それぞれの対象となる建築物の面積、規模、用途等が指定されています。これらの建築物がすべて無資格者では設計又は工事監理をすることが出来ない独占業務に該当する「一定の建築物」とされています（具体的には鉄筋コンクリート造、鉄骨造、石造、れんが造、コンクリートブロック造もしくは無筋コンクリート造の建築物又は建築物の部分で、延べ面積が30㎡を超えるもの、また、延べ面積が100㎡を超える木造建築物において新築、増築、改築、修繕又は模様替えに関わる部分はそれぞれの資格者でなければすることが出来ません。また、都道府県の条例でさらに別途延べ面積の制限が定められる場合もあります）。これについては、28頁にある基本事項の解説③※1も参照ください。

〈建築士〉とは[2]

　建築士法第2条第1項による1級建築士、2級建築士及び木造建築士をいいます。1級建築士の免許権者は国土交通大臣、2級、木造は都道府県知事と異なっていますが、いずれも国家資格者です。また同法10条の2では構造設計1級建築士、設備設計1級建築士の定めがあります。これらの資格はすでに1級建築士資格を有する者が、一定の要件を満たした後、申

請し登録講習を受講して、取得することができます。

〈建築主〉とは[※3]

　建築基準法第2条第16号において、「建築物に関する工事の請負契約の註文者又は請負契約によらないで自ら工事をする者をいう。」と定義されています。契約では委託者、発注者ということもありますが、その場合には単に「頼んだ人」という意味で当該建築物の直接の建築主ではない（たとえば事業主など）というニュアンスも含まれています。

〈工事監理者を置く建築主の義務〉とは[※4]

　建築基準法第5条の4第4項、第5項には、法に定める一定の建築物（※1参照）では、建築士である工事監理者を定めなければ、当該建築物の工事をすることはできない、という工事監理者を置く建築主の義務が定められており、これが建築主には工事監理を履行させる義務、つまり、建築士に工事監理を行わせる義務があるという解釈の根拠とされる条文になっています。

〈資格要件に見合う建築物〉とは[※5]

　1級建築士、2級建築士及び木造建築士が、それぞれ設計又は工事監理をすることのできる建築物の要件がこれらの資格別に定められています（※1参照）が、1級建築士はそれらのすべてを行うことができます。また、2級建築士は木造建築士が行えるすべての建築物の設計又は工事監理を行うことができます（83頁「図7建築士の業務範囲」参照）。

〈建築士法〉とは[※6]

　昭和25年5月24日法律第202号のこと。国家資格者としての建築士（1級、2級、木造建築士資格がある）の資格について定めた部分と、建築士が業として資格者の業務を行う場合の建築士事務所の業務等について定めた部分があり、半ば資格者法、半ば業（務）法の性格をあわせ持つといわれています。STEP6に建築士法の解説があります。

〈建築基準法〉とは[※7]

　昭和25年5月24日法律第201号のこと。国民の生命・健康・財産の保護のため、建築物の敷地・構造・設備及び用途についてその最低基準を定めた法律です。建築物の性能規定化や用途、集団規定などを定め、施行令、施行規則などがあり、技術変革や社会情勢等の変化に伴い法改正も頻繁です。前身は市街地建築物法（大正8年法律第37号）です。STEP6に建築基準法の解説があります。

## 1-2 「ウォーミングアップ課題（25題の設問）」を解いて見よう

　ここでは、主に建築士など、建築をつくる行為を日常業務としている実務者に向けて、本書のテーマである建築の監理業務に関連する事項について、現時点での理解度を自ら確認するために、次頁に「ウォーミングアップ課題」を準備しています。以下の25題の設問に挑戦してみてください。

　なお、このウォーミングアップ課題は、STEP 2以降の各ステップの学習内容に関する設問となっており、各問題がそれぞれどのステップに含まれる内容なのかを明示してありますので、解答と共に各ステップの学習の際に、再度問題文の内容について復習すると、さらに効果的です。

# ウォーミングアップ課題

　以下の監理や工事監理等に係る問題文の、コメント内容の正誤を判断して、各自で○×を付けて解答してください。

　なお、問題文のコメントのうちに複数の内容が含まれている場合には、すべての内容について正しいものに「○」、正しくないものがひとつでも含まれているものに「×」、よくわからない（自信を持って答えられない）ものについてもとりあえず解答してみてください。

《STEP 2　建築の「監理」と「工事監理」のしくみについて理解しよう》から

Q1　建築士が契約上行う建築工事の監理業務は、工事監理業務よりも広い範囲の業務を含んでいる。

A1 ○×

Q2　建築士法に定める工事監理は、十分な施工管理、良質な施工の実現を目的とした業務と定義され、工事施工者が工事請負契約に基づいて行っている業務を、建築主との業務委託契約に基づいて、建築士が工事監理者としての立場から行っていると考えられる。

A2 ○×

Q3　わが国の建築工事では、設計者、（工事）監理者、工事施工者が、契約上同一者となるケースはあり得るが、それぞれの役割は全く別のものであり、同一者が業務を行う場合であっても、それをよく認識し、適切に業務を行う必要がある。

A3 ○×

Q4　建築士法では、監理業務のすべてについて、一定の建築物においては、建築士でなければ行うことが出来ないこととしている。

A4 ○×

《STEP 3　工事監理の業務について見てみよう》から

Q5　建築士法では、工事監理業務の具体的な実施方法（工事と設計図書との照合・確認の具体的な対象、方法や業務の範囲）は何も定められていない。

A5 ○×

Q6　建築士法では、工事監理は「その者の責任において、工事を設計図書と照合し、それが設計図書のとおりに実施されているかいないかを確認すること」とされているが、この確認について告示第15号では、工事監理者がそれぞれ確認対象工事に応じた合理的な方法で、設計図書と照合して確認するという考え方によっていると解される。

A6　○ ×

Q7　一定の建築物については、工事監理者を定めてこれを行わせる義務は建築主にあるが、工事監理は建築士が行う独占業務であることから、建築主は、自らが資格者でない限り、建築士である工事監理者を定めてこれを行わせなければ、当該建築物の工事を実施することはできない。

A7　○ ×

Q8　設計や工事監理は、木造戸建て住宅に限り、規模等の特定なしに、建築士事務所の登録を受けることなく、建築士が他者から委託を受けて、個人で業務として行うことができる。

A8　○ ×

Q9　工事監理業務において、工事が設計図書のとおりに出来ていない場合、建築士法では工事監理者が工事施工者に対して、その旨を指摘する、さらに是正指示をすると規定されているが、これには当然強制力があると解釈されるので、工事監理者は、工事施工者によって是正された結果だけを建築主に報告すればよいとされている。

A9　○ ×

Q10　監理業務委託契約の報酬が不十分な場合などには、工事監理の一部を省略する契約を締結し、報酬に見合った範囲で業務を履行することもやむを得ないと考えられ、すべての責任もその範囲内で負うことになる。

A10　○ ×

Q11　設計図書が不完全で、工事監理業務を実施することが困難となる場合には、工事監理者として、設計図書の補完行為（設計図書に追記等をして完成させる行為）を行う必要がある。

A11　○ ×

11

Q12 工事監理は、建築主が建築士事務所の開設者と業務委託契約を締結して実施させる業務であることから、工事監理者は、必ず契約締結者である建築士事務所の開設者でなければならない。　A12 ○×

《STEP 4　工事監理に関する業務を除くその他の監理業務について見てみよう》から

Q13 「工事監理を除くその他の監理業務」の内容については、業務報酬基準の告示第15号における標準業務内容が参考となるが、この標準業務内容は、そのすべてが建築士の業務に強制的に適用されるというわけではない。　A13 ○×

Q14 監理業務は契約に基づき行うものであり、業務報酬基準における標準業務内容以外にも、個別の契約に基づき、建築士は契約上の監理者としてさまざまな業務を実施している。　A14 ○×

Q15 工事施工段階で実施される「設計図書」を除く対象(契約書や施工図など)と、工事の各段階の結果との照合・確認は工事監理ではなく、告示第15号の工事監理を除く「工事監理に関する業務」や「その他の業務」の範囲と考えられる。　A15 ○×

《STEP 5　(工事)監理者にとって必要な最小限の法的知識を学ぼう》から

Q16 わが国の法は、公法のグループと私法のグループにわけられ、民間建築物を規制する建築基準法や民間人の資格を定める建築士法は、私法のグループである。　A16 ○×

Q17 法的責任は、大きく民事責任と刑事責任にわけられ、このうち契約責任と不法行為責任は刑事責任とされる。　A17 ○×

Q18 契約成立は、原則として約束したときであるが、建築士法では、契約成立に関連して設計や工事監理の契約に関する独自の規制(重要事項説明、書面の交付)がある。　A18 ○×

Q19 監理契約の内容は、当事者間で自由に決められ、契約書式や契約約款にもいくつかの種類があるが、「四会連合協定建築設計・監理等業務委託契約約款」は、業務報酬基準の告示第15号における標準業務内容

を定める際に参照されていること等から、業務委託契約の標準的なモデルとして参考になる。

A19 ○ ×

Q20 いったん契約が成立しても、契約当事者の一方が必要ないと判断した場合には、契約内容を守らないことも許容される。また、契約当事者の一方の申し出により、契約を破棄することも可能である。

A20 ○ ×

《STEP 6 （工事）監理者が知っておくべき手続き、しくみを学ぼう》から

Q21 建築士法で定める工事監理は、建築技術者等が従来から幅広く工事施工段階で監理業務として行っていた業務のうち、「工事と設計図書との照合、確認」を建築士の独占業務として抜き出したものと考えられる。

A21 ○ ×

Q22 建築物の一定の質や性能の確保を含む適法性を担保するために、設計、工事監理、検査等のそれぞれの段階で、建築士法や建築基準法に基づく、規制やチェックのしくみが用意されている。

A22 ○ ×

Q23 法令違反など不適切な設計や工事監理を行った建築士が、民事責任（契約責任、不法行為責任）に基づく損害賠償金を支払った場合、さらに、建築士法上の行政処分や行政罰が科されることはない。

A23 ○ ×

Q24 建築士法に定める業務報酬基準は、告示によって建築物の規模等に応じた設計・工事監理の業務報酬額を定めており、国や地方公共団体発注の設計・工事監理業務を行う場合のみならず、民間工事においても、その報酬額や算定方法が強制的に適用される。

A24 ○ ×

Q25 工事と設計図書との照合・確認の具体的方法を例示するとして、工事監理ガイドラインが定められているが、工事監理ガイドラインは、その内容や方法のすべてを強制するものではない。

A25 ○ ×

《理解度の確認と本書の一般的な利用法》
―ウォーミングアップ課題の解答は38頁にあります。また、内容の解説は107頁にあります。―

〈**自己採点による理解度の確認**〉
1問4点の配点、全問正解で100点としています。

> 80点以上：監理業務等の理解度は十分ですが、不正解の問題内容等を中心に、もう一度念のため全般的によくおさらいをしてください。
> 60点以上：監理業務等についておおむね理解していますが、さらに学習してスキルアップしましょう。
> 40点以下：ぜひ本書で監理業務等について、基本から学習し、満点を目指しましょう。

　前記の問題文には、いずれも、監理や工事監理を中心とした建築士の業務にかかわる基本的かつ重要な内容が含まれていますが、現時点での正解率は、本書で学ぶためのモチベーションとして認識ください。設問内容の解説等は、STEP 7で取り上げています。

　なお、本書の一般的な利用法としては、ウォーミングアップ課題の自己採点結果を踏まえて、早速、各ステップの順に従って1日1ステップずつ確実に学習して、問題文の内容は、最後のステップで確認のために再度復習するといった手順をぜひお薦めします。

　次は STEP 2〈建築の「監理」と「工事監理」のしくみについて理解しよう〉です。

## Step 2 建築の「監理」と「工事監理」のしくみについて理解しよう

　本書のテーマである建築工事の監理は、建築主と建築士事務所の開設者による当事者間の契約に基づき行われる業務であり、わが国では、法に規定する「工事監理」業務と法に定めのない「それ以外の業務」に大別されます。工事監理については、建築士法や建築基準法にその定めがあります。

　建築士法では、工事監理は「その者の責任において工事を設計図書と照合し、それが設計図書のとおりに実施されているか、いないかを確認すること」と定義され、建築士が設計者、あるいは施工者ではなく、工事施工段階で工事監理者として実施する全く独立した業務です。そして、一定の建築物の工事監理は、建築士でなければ行うことができない（建築士の独占業務）とされています。また、建築基準法では、一定の建築物の建築工事を行う場合に工事監理者を定めることが建築主の義務とされ、工事監理者を定めない工事を実施することは禁止されています。なお、建築士法や建築基準法についてはSTEP 6で説明しています。

　監理業務は、建築主と建築士事務所の開設者が「監理業務委託契約」（一般にはこの中に工事監理業務の委託も含まれています）を結び、「工事監理者」を定め、工事監理者となる建築士が監理業務の一環として建築士法に定められた「工事監理」業務を行うという流れになります。

　建築士が工事監理をはじめとする監理業務を行う場合に、契約違反や不適切な行為等があった場合は、契約に基づく責任（私法上の責任）とは別に、あるいは同時に、建築士法等に基づく責任（公法上の責任）が発生し、建築士に対する行政処分や行政罰などの処罰が並行して行われる可能性もあります。なお、建築士の業務に係る契約、責任等については、STEP 5でその内容を解説しています。

このSTEP 2では、主に以下の4つのポイントを中心に見ていきます。

> **Point**
> 1．工事監理が建築基準法、建築士法上に規定された業務であることを見る。
> 2．建築の監理業務のうち、「工事監理」（公法上の義務＋契約上の義務）とそれ以外の業務（主に契約上の義務）の違いを理解する。あわせてそれぞれの責任等を見る。
> 3．建築士が行う業務における独占と非独占の区別を見る。
> 4．監理者と工事監理者の使い分け（契約上の立場と建築士法上の立場）等を見る。

## 2-1 建築の「監理」と「工事監理」のしくみ、意味や違い等を理解しよう

　ここからは監理や工事監理の、それぞれの業務のしくみ、意味や、具体的な内容、責任の違い等について詳しく見ていきます。はじめに「監理」について、次に「工事監理」についてです。

### 1）建築の監理業務とは

> ―設計とともに従前（歴史的な時代を含む）から工事段階で主に建築の専門技術者などが行ってきた業務。わが国では1950年の建築士法制定以降は、法で定めた工事監理を含み、契約によって資格者である建築士が工事施工段階で行う広範な業務のことを指します―

　建築主と建築士事務所の開設者[※1]（契約主体としての建築士事務所のこと。開設者は、法人の場合と個人の場合があります。以下、これを単に建築士事務所という場合があります）との間で締結された建築設計業務委託契約による実施設計業務が終了し、建築士事務所から建築主に建築工事の実施設計図書が納められ、建築確認済証が確認検査機関から交付され、建築主と工事施工者の間

で工事請負契約が締結されると、いよいよ、契約内容となった設計図書に基づく建築工事が始まります。(36頁図1参照)

冒頭で述べたように、この建築工事を行うためには（一定の建築物について）建築主は、建築士に工事監理を行わせる義務があるので、通常は、建築主が建築士事務所との業務委託契約[※2]によって、建築士である工事監理者（担当者）を定めてこれを行わせることになります。

わが国では、特に、民間工事では設計・監理一括という契約形態が主流であり、また、従来から工務店やゼネコン等による設計・施工一括という独特の建築生産システムもあるので、設計者[※3]、工事監理者が契約上は同一人（一人の建築士）、さらに、設計・施工一括の場合は工事施工者（建築士事務所登録をしている工務店やゼネコンなどの場合のみ）も、すべて同一人や同一者であるという場合があるのですが、もちろん、それぞれの役割は全く別のもの、つまり、工事監理を含む監理業務は、設計や施工とは全く別の役割を受け持ち、建築士が行う独立した業務です。

建築士が、建築工事の施工段階で行う業務には、大きくわけて「工事施工段階の設計に関する業務」[※4]と「監理業務」の2つがあります。本書のテーマは、このうちの「監理業務」です。「監理業務」のことを「建築監理業務」と呼ぶ場合もありますが、本書では単に「監理業務」、あるいは「建築の監理業務」などとしています。この監理業務とは、どのような性格の業務なのか、以下に見ていきます。

監理業務は、設計業務と共に（一括して）、あるいは、それとは別に（単独の業務として）建築主と建築士事務所との間の業務委託契約によって、その建築士事務所に所属する建築士などが担当者（監理者）として行う業務です。もちろんこの担当者は、契約者である建築士事務所の開設者（建築士資格を有する個人の開設者）や当該建築士事務所の管理建築士[※5]となる場合もあり、契約者と担当者の関係は、個々の建築士事務所の規模や様態によっても異なります。

ここでいう監理業務とは、具体的には次のような業務と考えられます。

> **監理業務**
>
> 建築の工事施工段階において、建築主との監理業務委託契約に基づいて、建築主と工事施工者の間に立って、契約内容との照合、確認や検査、指示、承認、協議、事務処理等を行う、広範な業務の総称をいう。建築士が設計者や工事施工者とは別の立場で行う業務。

契約上行う「監理業務」は、後述のごとく「工事監理及び工事監理に関する業務[※6]」と「(工事監理及び工事監理に関する業務を除く)その他の業務」の2つのグループにわけられます。つまり、通常は監理業務の中に「工事監理」が含まれていますので、以下の図式のとおり「工事監理」の業務に比べると、「監理」業務のほうが、より広い業務範囲を含んでいることになります。

**監理業務の範囲**

監理業務の範囲＝

| 建築士法第2条第7項に規定する工事監理(工事監理に関する業務) | ＋ | (工事監理及び工事監理に関する業務を除く)その他の業務 |
|---|---|---|

建築士が日常的に行っているのは、この「監理業務」です。本書のタイトルも同じ「監理業務」となっています。そして、この業務は、おそらく設計業務と共に、建築士制度が誕生するはるか以前から建築の専門技術者などによって、歴史的な各時代の建築生産システムの中で工事施工段階において広く実施されていた業務と考えられます。現在では「工事監理の業務は、監理業務の中に含まれる」といいますが、その理由は、本書のSTEP1のところで見てきたように、建築士法制定時に、監理業務の一部である設計図書との照合・確認の業務のみを特別に取り出して、建築士法(公法)上の義務規定(工事監理)としたことによって、建築主自らが建築士事務所との業務委託契約で定めた建築士に行わせる契約(私法)上の業務が、工事監理を含むことによって結果的に公法・私法の両方の規定にかかわる業務となっていることなどによっていると思われます。

こうした観点から「監理業務」と「工事監理業務」の違いなどについて、さらに見ていきたいと思います。

## 2) 工事監理業務とは ―工事監理は法で義務として定められている業務―

次に工事監理ですが、これはどのような業務なのでしょうか。

「工事監理」は、一定の建築物については、建築主が業務委託契約で建築士である工事監理者を定め、当該工事監理者が義務として行うことが法で定められており、具体的な内容としては「工事が設計図書のとおりできているかいないかを設計図書と照合して確認する」という、かなり限定された行為（すなわち設計図書との照合・確認）のみを、前述のごとく広範な監理業務からその部分だけを取り出して呼んでいる業務である、ということができるでしょう。したがって、STEP1で見たように、法文の上でも「品質管理」や「指導監督」、「設計の補完業務」などとは、全く別の業務ということになります。

この工事監理の業務は、一定の建築物については、設計業務とともに建築士でなければ出来ない業務であり、法で定めた工事監理を行う者が、資格者としての建築士である「工事監理者」[※7]になります。

ただし、法で定められているのは、この「工事監理」と、工事監理を行う「工事監理者」までで、たとえば、本書のタイトルであり、一般的に用いられる「監理」、あるいは「設計・監理」[※8]、また、「監理者」などという用語は、一切使われて（定められて）いません。つまり、契約（私法）上行う監理業務のうち、建築士法（公法）上定められた（取り出された）規定は、この「工事監理」及び「工事監理者」が行うとされている若干の業務だけである（基本事項の解説②※6を参照）、ということになります。

工事監理業務は、まとめると次のような業務です。

### 工事監理業務

建築士法において、「その者の責任において、工事を設計図書と照合し、それが設計図書のとおりに実施されているかいないかを確認することを言う。」（建築士法第2条第7項）と規定された「工事監理」を行う業務。すなわち、建築の工事施工段階で、建築士が行う広範な監理業務の中から各段階の施工結果を設計図書と照合し、その通りに出来ているかどうかを、「その者」である工事監理者の責任において確認する業務のみを取り出した業務をいう。また、法で工事監理者が行うことが定められている業務を含む。

すでに見てきたとおり、法で定めた面積・規模・用途などについて、一定の建築物を新築する場合、建築主には当該工事の工事監理者を置く義務があり、建築士である工事監理者を置かなければ、建築主は建築工事をすることは出来ないとされています。一方で建築士の側から見れば、当該建築工事における工事監理者として届け出た場合には、業務委託契約によって行う業務であると同時に、契約内容等の如何にかかわらず当該工事の工事監理を工事監理者として「行わなければならない」という建築士法など、公法上の義務を負うということになります。

　つまり、工事監理は公法上の義務と責任を負うとともに、それが契約上行う監理業務の中に含まれていることから、私法上の契約責任（債務不履行責任）と契約責任とは別に不法行為責任を同時に負う、というやや複雑な性格を持った業務になります。

　しかし、建築士は一般的には業務委託契約によって、この「工事監理」（業務としては照合・確認というかなり限定された内容）だけではなく、これと一体となって、設計図書に定めた内容を含む契約で定められたさまざまな業務を包括的に行っていることから、実務上は、契約によって工事施工段階で設計業務を除く包括的に行う業務の総体を「監理業務」と称しているのです。ただ、その中には、当然ながら公法上の規定によって行う設計図書のみを対象とした照合・確認の義務を取り出した「工事監理」も含まれていますから、前述のごとく「建築士が（契約上）行う監理業務には、建築基準法、建築士法上に規定する工事監理の業務が含まれる」という言い方をして、2つの概念をわざわざ区別して用いているのです。あるいは「監理業務（委託契約）」の中には「工事監理及び工事監理に関する業務以外のその他の業務」が含まれている、という言い方をすることがあります。

**3）監理業務と工事監理業務におけるそれぞれの責任の基本的な考え方**

　建築士法によれば、一定の建築物の工事監理は建築士でなければ行うことが出来ない業務です。それに対して監理は、工事監理を含むものの、法に建築士の義務として行うことが規定されていない広範な内容を含む、契約によって行う業務です。そして、「監理」も「工事監理」も、業務として行う場合には、

当然ながら法的拘束力があります。

つまり、私法上の契約によって行う監理業務としては契約責任を負い、この監理業務に含まれる公法上の規定である工事監理は、公法上の責任と、契約上行う業務としての契約責任の両方を同時に負うことになります。したがって、監理業務に契約違反や不適切な行為等があれば、いずれも契約上の責任を負うのですが、工事監理の業務は、あわせて公法上の責任も負うことになる可能性があるのです。

ただし、ここで注意が必要なのは、「工事監理」及び「工事監理に関する業務」を除いた（法に規定のない）その他の監理業務を建築士として行う際に、仮に不誠実な行為等があった場合、私法上の契約などの責任以外の責任、つまり公法上の責任は全くないということになるのか、という点についてですが、建築士の業務責任に関しては、実際にはそう簡単ではありません。たとえば建築士法には、職責条項があり、建築士の職責について以下のように規定しています。

---

**建築士の職責条項**

「建築士は、常に品位を保持し、業務に関する法令及び実務に精通して、建築物の質の向上に寄与するように、公正かつ誠実にその業務を行わなければならない」（建築士法第2条の2）

---

これはかなり抽象的な表現ですが、建築士法の条文であり、法の規定です。したがって、建築士が不誠実な行為等を行ったとして、この条項等に違反していると判断された場合には、実際に法令違反（不誠実行為）による懲戒処分などの処罰の対象となる可能性があります。工事監理を除いた監理業務等においても、法による直接の規定はありませんが、それを建築士という資格者として行う以上、「不誠実な行為」があった場合などには、そのことによって建築士法という公法上の違反を問われる可能性がある、ということになります。

本書では、一応理解しやすいように「私法上の契約によって行う監理業務は契約責任を負い、この監理業務に含まれる公法（建築士法）上の規定である工事監理業務は、公法上の責任と、契約上行う業務としての契約責任の両方を同時に負うことになる」としていますが、実際には建築士が資格者として業務を行う限り、不誠実な行為等があれば、監理業務全般の履行について、公法上、

私法上の責任をそれぞれ、また、同時に負うことになる可能性があるという点には、十分にご注意ください。

なお、監理業務において、適切な照合・確認を行ったにもかかわらず、施工上の不具合が生じてしまった場合、監理者はその施工結果に対しても責任を負うことになるのでしょうか。たとえば、各階ごとに繰り返し行う施工部分等で、抽出確認を行った階について問題はなかったが、抽出から外れた階で施工に不具合が生じてしまった、というケースは一般的にあり得ると思われます。こうしたケースでは、監理者の照合・確認が合理的に行われていたという判断が成り立てば、施工の不具合については、工事施工者が工事請負契約の範囲内で責任を負うと考えられます。しかし、監理者が設計図書に指定する方法によらず、客観的にはとても合理的とは見なされない方法で照合・確認を実施している、あるいは、抽出による確認すら怠っていた、また、設計図書のとおりに施工されていなかったにもかかわらず、照合・確認の際にその旨を指摘せず、是正指示をしていなかった場合などでは、不具合のある施工結果について、結果的に設計図書との照合・確認を適切に行なわなかった監理者に全く業務委託契約上の責任がないとはいい切れないケースがあります。近年では、建築紛争（民事事件）などで、施工結果の不具合は監理者が照合・確認を行った際に、不具合につながる部分を見過したことにも起因するので、施工者とともに連帯して民事責任を負うべき、という建築主等の主張が増えていることから、監理者、工事監理者はこうした点にも十分な注意が必要です（40頁「3-1　工事監理の対象、範囲と確認の方法」にも関連する内容があります）。

STEP1で見てきたとおり、この公法上の規定と契約上の定め（私法上による規定）の区別を明確に認識しておくことが、工事監理と監理のそれぞれの業務の内容や責任について正確に理解するための基本となりますので、各ステップでは、常にこのことを意識しつつ、学習を進める必要があるでしょう。

公法と私法については、STEP5に基本的な説明がありますので、これを参照してください。

### 基本事項の解説② ▶（STEP2-1の※注記）

〈建築士事務所〉とは[※1]

　建築士法第23条によれば、建築士もしくは建築士を使用する者は、他人の求めに応じ報酬を得て設計等を業として行う場合には、1級建築士事務所、2級建築士事務所又は木造建築士事務所を定めて、登録権者である都道府県知事の登録を受ける、とされています。この登録申請者が建築士事務所の開設者で、個人又は法人の場合があります。法では、法でいう人（ひと）にのみ法的な権利義務が生ずることから、業務委託契約の契約者は「建築士事務所の開設者」となるのです。建築士法では第23条から第27条に登録、変更、報告書、無登録業務の禁止、管理、名義貸しの禁止、再委託の制限、標識の掲示などの規定があり、さらに重要事項の説明等、書面の交付、業務の報酬、監督処分などの建築士事務所に関する（業務法的な部分とされる）規定があります。

〈建築士事務所との業務委託契約〉とは（無登録業務の禁止）[※2]

　建築士法第23条の10によれば、建築士は、他人の求めに応じ報酬を得て設計等を業として行う場合には、建築士事務所の登録を受けなければ、これを行うことはできません。また、何人も建築士事務所の登録を受けないで建築士を使用して他人の求めに応じ報酬を得て設計等を業として行うことはできないことになっています（当該無登録業務の禁止の規定によります）。したがって、建築主に限らず建築士に業務を委託する者は、必ず建築士事務所の開設者と業務委託契約を締結することになります。基本的には建築士事務所登録をしていない建築士個人に報酬を支払って、あらゆる業務の委託をすることはできません。再委託の場合も同様です（無登録の建築士個人には再委託できません）。

〈設計者〉とは[※3]

　建築士法第2条第5項によれば、「その者の責任において設計図書を作成すること」を設計といい（設計図書とは建築物の建築工事の実施のために必要な図面を及び仕様書をいう）、設計者とは建築基準法第2条第17号では「その者の責任において、設計図書を作成した者をいい」とされています。この中には適合確認をした構造設計1級建築士又は設備設計1級建築士が含まれます。

〈工事施工段階の設計業務〉とは[※4]

　一般には告示第15号でいう「工事施工段階で設計者が行うことに合理性がある実施設計に関する標準業務」（オリジナルの設計者が行う意図伝達業務）及び設計変更業務（設計の追加業務を含む）をいいます。いずれも

建築士が監理者、工事監理者としてではなく設計者として行う業務です（設計変更業務については建築士である監理者が別途委託を受けて、設計者としてこれを行うケースがあります）。

〈（建築士事務所の）開設者や管理建築士〉とは[※5]

建築士事務所の開設者（建築士を使用する者を含む）については前記※2のとおりですが、開設者に資格は要件となっていません。建築士資格を有していなくても、建築士事務所の開設者となることはできます。ただし、開設者には「その建築士事務所の業務に係る技術的事項を総括し、その者と建築士事務所の開設者が異なる場合においては、建築士事務所の開設者に対し、技術的観点からその業務が円滑かつ適正に行われるよう必要な意見を述べるものとする（建築士法第24条第3項）」と規定された「管理建築士」を置く義務があります。管理建築士は1級建築士事務所、2級建築士事務所又は木造建築士事務所において、それぞれ専任の1級建築士、2級建築士、木造建築士でなければなりません。当該管理建築士になるためには一定の実務要件や講習受講の義務があります。もちろん、有資格者である開設者と管理建築士が同一者となるケースもあります。

〈工事監理及び工事監理に関する業務〉とは[※6]

工事監理に加えて、建築士法等による工事監理者の義務規定としては「工事が設計図書のとおりに実施されていない場合の施工者への指示、施工者が従わないときの建築主への報告（建築士法第18条第3項）」、「工事監理報告書の提出（建築士法第20条第3項、その他の規定として建築基準法第12条第5項、第6項等）」が該当し、これらの業務に工事監理方針の説明等、設計図書等の内容の把握、設計図書に照らした施工図等の検討及び報告を加えた計6項目が、告示第15号で「工事監理に関する標準業務」とされています。本書ではより正確を期してこれを「工事監理及び工事監理に関する業務」と呼んでいますが、この業務は監理業務のうち、いずれも建築士でなければ出来ない業務（独占業務）のグループを指しています。

〈工事監理者〉とは[※7]

建築基準法第2条第11号では「建築士法第2条第7項に規定する工事監理をする者をいう」と定義され、その者の責任において工事監理（設計図書との照合・確認）をする建築士を指しています。建築士である工事監理者を定めるのは建築主の義務です（建築基準法第5条の4に規定）。

〈設計・監理〉とは[※8]

一般的には、建築士法による業務独占の範囲内で建築士が行う設計及び（工事監理を含む）監理業務を一括して受託する場合の業務の呼称。監理

という語が法では一切用いられていないことから、「設計・監理」はあくまで実務上の業務の様態、あるいは業務委託契約上の受託形態を指す表現とされています。

## 2-2　工事監理が公法上の規定である理由等について

### 1）建築士法に規定する工事監理の意味

　「工事監理」は、建築士法で「その者の責任において工事を設計図書と照合し、それが設計図書のとおりに実施されているかいないかを確認すること」と規定され、建築工事の各段階の結果を設計図書と照合し、そのとおりに出来ているかどうかを、「その者」である工事監理者の責任において確認する、という建築士でなければ行うことが出来ない業務です。建築基準法や建築士法の規定による工事監理[※1]という行為の様態は、工事の各段階の結果と設計図書との「照合」、「確認」に他なりません。これは一般的にいわれている工事に関するさまざまな「検査」の実施及びそれに関連する業務のうち、設計図書を対象とする検査等の業務に近似する概念で、建築士が工事施工段階で広範に行っている多くの照合・確認を含む検査や指導・監督的な業務をあわせた監理業務の中から、法の義務、独占業務として「設計図書」との「照合・確認」のみを抽出したものが工事監理ということになります。

　ところで、建築士法第21条の建築士が行う「その他の業務」に示された「工事の指導監督」[※2]の業務は、立法時の状況からいえば、本来は建築士の業務の中枢に位置するものであったとも考えられますが、業務独占の範囲外です。現在では指導、監督という言葉のイメージなどから、建築士が行うべき工事の「指導監督」業務の責任は、すべての施工瑕疵にまでおよぶのではないか、と建築主等に誤解されかねない面（本来は、品質管理を目的として、工事施工者が行う≒責任を負うべき「施工管理」との境界が不明瞭であることなどから、施工瑕疵もすべてこれを見過ごした工事監理者の責任であるといった誤解）もあることから、たとえば、平成21年の業務報酬基準の告示第15号では、「工事の指導監督」業務は、工事と設計図書との照合・確認という限定的な「工事監理」とは全く別の業務として明確に整理され、また、標準的なその他の業務

（工事監理を除くその他の業務）の内容には含まれるとされていますが、特に標準業務の項目としては明示されていません。

## 2）なぜ工事監理は公法上の義務として規定されているのか

　一定の建築物の新築工事及び法令上新築とみなされる工事において、「工事監理」は、国家資格者としての「建築士」でなければすることが出来ない独占業務（詳細は後述）とされ、工事監理者を置かない工事をすることは出来ません。

　また、建築士法で規定する「建築」とは、建築基準法の定義を受けて、文字どおり実際に「建築物を建築する[※3]こと」（具体の建築物を建てる行為）であって、それ以外の、たとえば、大学などの高等教育機関の建築教育プログラムが包含しているような「総合領域としての建築[※4]」というような概念は、「法」では範疇外です。

　それでは「建築物の建築」という一連の行為は、わが国において法的には、どのようなプロセスでその（基準や仕様などにおける一定の質や性能の確保を含めた）遵法（適法）性が担保されているのでしょうか。これについては、STEP 6 に解説がありますが、設計業務委託契約の履行によって作成された設計図書（設計図面と仕様書）のとおりに建築物を建築するという前提がなければ、設計図書は単なる画餅に終わってしまいます。

　現在では、建築工事を頼む建築主も頼まれる工事施工者も、この設計図書のとおりにつくることを基本的な合意事項として、契約や関連する法令の下で、実際の建築物はつくられている（建築されている）のです。「工事監理」は、まさに、このこと（一定の建築物を建築するために建築士の責任によって、作成された設計図書のとおりに、適法な建築物を建築すること）を担保するために設けられた法のしくみのひとつなのです。

　民間建築の場合には、一定の建築物について、工事施工期間中に中間検査や完成検査として、確認申請図書等との照合・確認による主として「建築基準法上の確認」を、地方公共団体や民間機関などが、確認検査機関の立場から実施しますが、これは工事請負契約の内容となった設計図書すべての照合・確認ではないことから、あくまで設計図書に定める内容全般や、各部にわたる詳細な

適法性や基準への適合等を満足した建築物の実現は、工事監理によって、より確実に担保される、といえるでしょう。

　一方、本来は、建築主と工事施工者との間で締結される個別の工事請負契約、すなわち、私法上の契約（特定の相手との約束事）によって、直接的には、この設計図書のとおりに建築するという枠組みは担保されるはずですが、建築物は建築されることによって、直ちに周辺の環境を構成する一要素となり、社会的存在となるため、仮に、工事請負契約の当事者が相互間で合意のうえ、法令や性能基準を無視するなど危険な建築物を建築してしまうと、建築主以外の人々に対してもさまざまな損害をおよぼす可能性が生じることから、個別の請負契約内容のみならず、建築基準法や建築士法（公法）上のしくみによって、（適法による安全・安心の確保や公共の福祉の実現等へ向けた）その枠組みをより確実にしているともいえるでしょう。

　したがって、この枠組みを担保するために、建築基準法では建築主に対し、建築士である「工事監理者」を置かなければ一定の建築物の建築工事はすることは出来ないとしているのです。

　このように、わが国の建築生産のシステムにおける適法な建築づくり（設計者の作成した適法な設計図書のとおりに建築物を建築すること）は、工事請負契約（私法）、建築基準法を中心とした確認審査や確認検査機関による法定検査、そして、工事監理者による工事監理（建築士法）を中心に確認され、担保されている、ということが出来るでしょう。

　「設計図書」が画餅にならないためには、「工事監理」が不可欠であり、法に適合した設計内容が具体の建築物として実現されるためには、すなわち、適法である設計の成果を建築工事において適法の状態で実現するためには、工事施工者が設計図書のとおりに実施していることを確認するという、「工事監理」の実効性の担保が重要であると考えられることから、私法上の「契約による担保」とあわせて、「工事監理」は、「設計業務」と共にいわばワンセットで建築士でなければすることが出来ないと、公法上で規定されているのです。

　そして、STEP1の冒頭で述べたように工事監理の概念が誤解されているのもおそらく、このあたりにあると思われます。工事監理は、その言葉の響きから建築工事の作業や工程のあらゆる局面で、工事の内容や方法について細かく

指示をしたり、施工全般について指導、監督、監理、管理、品質監理、現場運営等をする業務である、というイメージを持たれることがあるのですが、そうした業務は、少なくとも直接的には、建築士法でいう「工事監理」の趣旨ではありません。

### 基本事項の解説③　(STEP2-2の※注記)

〈建築築基準法や建築士法の規定による工事監理〉とは[※1]

　建築基準法の第2条第1項11号には「工事監理者」の規定があります。同法第5条の4（建築物の設計及び工事監理）には、建築士法に規定する建築物の工事監理は、建築士でなければ出来ない旨の（独占の）規定が定められています。また、同法同条第4項には、建築主に対して建築士である工事監理者を定める義務が、さらに同第5項には同第4項の規定に違反した工事はすることが出来ない、という規定が定められています。また、同法第12条には、特定行政庁、建築主事などが工事監理者に報告を求めることができる規定があり、第98条以下には罰則規定があります。一方、建築士法では、第2条第7項に工事監理の定義が、第3条から第3条の3には、1級、2級、木造建築士がそれぞれ独占的に行う工事監理業務の対象建築物が定められています。同法第18条（設計及び工事監理）第3項には工事監理の結果の措置について定めてあり、同法第23条の10には無登録業務の禁止が定められています。さらに第24条の7には重要事項説明、第24条の8には書面交付、第25条には業務の報酬、さらに第38条以下には処分規定などがあります。これらが建築基準法や建築士法の規定による工事監理の規定になります。

〈工事の指導監督〉とは[※2]

　建築士法第21条で建築士の行う「その他の業務」として位置付けられた非独占の業務です。具体的な業務内容や責任の範囲等については、法では明確ではありませんが、少なくとも施工管理や工事施工者が負う品質管理などの責任までが含まれるというわけではありません。告示第15号では旧告示の業務内容の見直しによって、工事監理の業務とは全く別の業務であることは明確にされましたが、同告示の「その他の標準業務」における「施工計画の検討及び報告」、「工事と工事請負契約との照合・確認・報告」等については、工事の指導監督の業務と位置付けられるものとされています。

〈建築物を建築する〉とは[※3]

　建築基準法の第2条第1項第1号には、建築物とは「土地に定着する工作物のうち、屋根及び柱若しくは壁を有するもの（これに類する構造のものを含む）、これに附属する門若しくは塀、観覧のための工作物又は地下若しくは高架の工作物内に設ける事務所、店舗、興行場、倉庫その他これらに類する施設（括弧内略）をいい、建築設備を含むものとする」と定義されており、建築とは「建築物の新築、増築、改築し又は移転することをいう（同法同条13号）」とされています。法でいう「建築物の建築」とは、まさにこの建築物を実際に建築することを指しているのです。

〈総合領域としての建築〉とは[※4]

　建築は、Architecture（建築術、建築学、建築様式、建築物、構造、構成、コンピューター理論などの意味）の訳語で、語源は芸術と技術の融合した総合的な領域を指しています。たとえば、日本建築学会がJABEE（日本技術系教育プログラム認定機構）建築学分野の認定基準としている分野別要件は、ほぼわが国の現在の建築教育カリキュラムのスタンダードと考えられますが、教育における総合領域としての建築は、これによると「建築計画」、「建築環境・設備」、「建築構造」、「建築生産」の4領域にこれらに通底、あるいは共通する「建築設計演習」と歴史や法規、行政、倫理、環境問題、測量などを含む「分野横断領域」を加えた概ね6つのキーワード（分野）によって構成されています。

## 2-3　法では（2つの）区別がある建築士が行う業務
—独占業務（資格が要件となる業務）と非独占業務（資格要件がない業務）—

　ここでは、建築士が資格者として行う業務の性格等について、あらためて確認しておきたいと思います。

### 1）独占業務、非独占業務とは

　建築士法で定められた資格者である建築士の行う業務については、同じ建築士法にその規定[※1]があります。たとえば、建築士法第18条では「設計及び工事監理」を、さらに同法第21条では、この「設計及び工事監理」のほかに建築士が行うことの出来る「その他の業務」として以下の業務を規定しています。

> #### 建築士法による建築士が行うことが出来る業務
> 「建築士は、設計（中略）及び工事監理を行うほか、建築工事契約に関する事務、建築工事の指導監督、建築物に関する調査又は鑑定及び建築物の建築に関する法令又は条例の規定に基づく手続の代理その他の業務（中略）を行うことができる」（建築士法第21条抜すい）

　このように、建築士法で示されている建築士の行う業務には、いくつかの項目がありますが、当然ながらその中心は、設計及び工事監理です（よく注意してください。監理ではありません。建築士法上の話ですから、あくまで「工事監理」になります）。

　ところで、繰り返し述べてきたように建築士法には、建築士でなければ出来ない業務（つまり資格が業務を行う際の要件となるもので、これを資格者が独占的に行うという意味で、一般に独占業務と呼んでいます）と、建築士が一般的に行う業務ですが、必ずしも資格者でなければ出来ないというわけではない業務の規定が混在（並存）しています。後者を非独占業務（履行に際して資格の有無を問われない業務）と呼ぶとすれば、たとえば、上記の建築士法第21条に規定されている建築士の行う業務のうち、一定の建築物の設計と工事監理以外は、すべて非独占業務ということになります。

　この区別の根拠ですが、建築基準法第5条の4（建築物の設計及び工事監理）第1項から第3項までに、法に規定する建築物について、設計に関する建築士の業務独占の規定が定められ、同条第4項、第5項には、建築士である工事監理者を定める建築主の義務と、工事監理者を定めなければその工事はすることが出来ない旨の規定があります。

　そして、建築士法第3条～第3条の3には、設計と工事監理についてのみ「（それぞれ該当する建築物ごとに）1級、2級、木造建築士でなければすることはできない」と規定しています。このように設計と工事監理以外の業務については、建築基準法や建築士法において、どこにもそうした資格要件の規定はありません。（詳細は基本事項の解説④の※1を参照してください）

　非独占業務については、さまざまな補助者が行う場合があり、もちろん資格者ではない建築主が自ら行うことも妨げられていません。なお、独占、非独占を問わず、弁護士法により非弁活動（弁護士でないものが、報酬を得て弁護士

にのみ認められている行為、活動をすること）は、禁止されているので、業務において、これに抵触することが無いようにするなどの注意が必要です。

## 2）独占業務と非独占業務が混在（並存）する契約上の監理業務

　建築士でなければ行うことが出来ない独占業務は、一定の建築物の設計と工事監理だけ[※1]ですが、このうち建築士が工事施工段階で工事監理者として行う義務があるとされているのが一定の建築物における「工事監理」であり、「工事監理は建築士の独占業務である」といい換えることが出来るのは見てきたとおりです。

　一般に建築士が日常的に行っている「監理」、「設計・監理」という業務、あるいは、日常的に用いられている「監理者」という語は法令では全く示されていません。したがって、「監理」の業務のうち「工事監理及び工事監理に関する業務」を除けば、それ以外は非独占業務ということになります。つまり、本書でいう業務委託契約によって行う「監理」業務の中には、以下の区分のとおり、建築士でなければ出来ない独占業務（工事監理及び工事監理に関する業務）と、資格の有無を問わない非独占業務（工事監理及び工事監理に関する業務を除いたその他業務）が混在（並存）していることになります。

| 監理業務における2つの業務区分 |
| --- |
| 監理業務＝建築士の独占業務（工事監理及び工事監理に関する業務）＋非独占業務（工事監理及び工事監理に関する業務を除く、工事施工段階で行うその他の業務） |

　ところで、すでに見てきたように、「工事監理」の業務と密接に行われる、あるいは、工事監理者の義務として法で定められた業務を含む告示第15号でいう「工事監理に関する業務」までは独占業務に含まれるので、本書では、「工事監理及び工事監理に関する業務を除いた業務」を非独占業務としています。しかしながら、法令に業務独占（資格要件）の規定がないからといって、工事監理及び工事監理に関する業務を除く「監理者」の行う業務全般[※2]を、建築士でない者（無資格者）が実際に他者の依頼を受けて総合的に業務として行うことが出来るのでしょうか。

　一般的には、それは難しいと考えられます。何故なら、工事監理及び工事監

理に関する業務を除く「その他の監理業務」も通常は工事監理と一体となって行われる業務であり、そこには工事監理を適切に履行するために行う工事監理と密接に関わる業務が含まれてしまう可能性があるからです。さらに業として行う際の無登録業務の禁止規定（基本事項の解説②23頁参照）もあります。

　工事監理及び工事監理に関する業務を除く監理業務の中には、法的には、資格を有していない者でも行うことが出来る業務が含まれているのは見てきたとおりですが、「監理者」として、全般的にこの「監理業務」を行うのであれば、工事監理及び工事監理に関する業務は一切行わないといっても、工事施工段階で行うさまざまな業務の中には、何らかのかたちで業務独占の範囲にある設計図書との照合・確認に関与、抵触する内容が含まれる可能性があることから、結局、建築士でない者が個別のさまざまな非独占業務の範囲を超えて「監理」にかかわる「業務全般」を統合的に行うことは、現実には難しいということになります。

　このように、実務上は、工事施工段階で工事監理と一体として包括的に行われる監理業務であっても、これに含まれる公法上の規定、つまり「独占業務」である「工事監理（及び工事監理に関する）」業務と、それ以外の広く監理にかかわる業務（非独占業務）のそれぞれの範囲や責任については、一応、切りわけて理解しておく必要があるでしょう。

### 基本事項の解説④　　（STEP 2-3の※注記）

〈一定の建築物の設計と工事監理（建築士法の独占業務の規定）〉とは[※1]

　建築士法第3条〜第3条の3では、1級、2級、木造建築士の別に、それぞれの建築士でなければ「してはならない」設計と工事監理の対象となる一定の建築物の内容について規定しています。たとえば「学校、病院、劇場、映画館、観覧場、公会堂、集会場又は百貨店の用途に供する建築物で、延べ面積が500㎡をこえるもの」、「木造の建築物又は建築物の部分で、高さが13m又は軒の高さが9mを超えるもの」、「鉄筋コンクリート造、鉄骨造、石造、れん瓦造、コンクリートブロック造若しくは無筋コンクリート造の建築物又は建築物の部分で、延べ面積が300㎡、高さが13m又は軒の高さが9mをこえるもの」、「延べ面積が1000㎡をこえ、且つ、階数が2以上の建築物」を新築又は、これらに該当する増築、改築、修繕、模様替

えに係る部分は一級建築士でなければ設計、工事監理をしてはならない、とされています。なお、同じ技術系の国家資格でも、たとえば技術士資格には、建築士の設計と工事監理に該当する業務独占の規定はありません。
(基本事項の解説①「一定の建築物とは[※1]」7頁も参照ください)

〈監理者の行う業務全般〉とは[※2]

　告示第15号では、工事監理に関する業務以外に、請負代金内訳書の検討及び報告、工程表の検討及び報告、設計図書等に定めのある施工計画の検討及び報告、工事と工事請負契約との照合、確認、報告等、工事請負契約の目的物の引渡しの立会い、関係機関の検査の立会い等、工事費支払いの審査を監理の標準業務としています。ここでは監理者として、これらの業務全般を包括的に行うケース等を指しています。

## 2-4　監理者と工事監理者
―契約（私法）上の立場と建築士法（公法）上の立場―

　実際に建築物を建てること、すなわち法でいう「建築物の建築」においては、工事監理の実効性が担保されないことなどによって、設計図書のとおりに適法で建築物を建築するという建築主の目的自体が達成されない可能性があることはすでに繰り返し述べてきたとおりです。それでは、建築士が行う設計業務や建築主が依頼した契約の目的物を完成するという建築工事請負契約自体の意味が失われてしまうおそれがあることから、建築士法では、建築物の建築において、「その者の責任において作成した設計図書」のとおりに建築物がつくられるために、「その者の責任で工事が設計図書のとおりに出来ているかいないか設計図書と照合し、確認」する工事監理のみを、より広範な監理業務から取り出して規定しています。「その者の責任において」この業務を行う建築士が建築基準法では「工事監理者」とされ、建築士法とあわせて一定の建築物の新築工事において、工事監理を建築士でなければ「行うことが出来ない」独占業務としています。

　この工事監理者は、実際には建築主によって当該工事の工事監理者として確認申請時（当該時点で未定の場合は着工時）に確認検査機関等へ届けられた者（工事監理を担当する建築士）を指しており、複数の場合もあります。一定の

33

建築物では、工事監理者を定めなければ、建築主は工事をすることが出来ないのですから、工事監理者の責任はかなり重大であるといわざるをえません。

　一方で、実際に行われている監理業務に比べ、法で規定された工事監理業務の範囲は限られており、それ以外は監理業務の範疇であることから、一般に建築主は工事監理業務としてではなく「監理業務」として建築士事務所と当該業務委託契約を締結し、そこに工事監理を含むものの、より広範な内容の業務を委託するのです。したがって、こうした業務を行う建築士は、監理業務委託契約上は「監理者」と呼ばれることになります。

　建築主は、建築士事務所の開設者との間で業務委託契約を締結してこの監理業務を委託しますが、一般に当該契約内容には、工事監理業務の履行も含まれます。ところが、建築士事務所の開設者には、建築士の資格要件がない（基本事項の解説②24頁参照）ことから、監理業務の契約者（受託者である建築士事務所の開設者が個人の場合）は無資格者となる場合があります。さらに、法人化している建築士事務所では、職階制をもった組織として業務をこなす前提から、監理業務の契約者（建築士事務所の開設者）は法人ですので、工事監理を含む監理業務の担当者（当該事務所の社員など）が別にいることは当然です。

　このように、建築士事務所の規模や様態等によって、契約した建築士事務所の管理建築士（前述のとおり、専任規定があります）や、従業員である担当建築士が、当該業務委託契約における監理者となる場合があります。

　契約上の立場である監理者（監理業務の担当者）は、通常は工事監理者と同一人ですが、工事の規模等によっては工事監理者に協力して構造、設備などの専門分野別に、また複数者による体制で監理業務を行う場合があります。この業務は、建築士法で定める業務独占の範囲内にある工事監理が含まれているので、監理業務全般を行う者は、建築士でなければなりませんが、届け出上の工事監理者の代表者（確認申請書二面の（5）代表となる工事監理者欄に届け出された者）に加え、確認申請書には、「その他の工事監理者」を届ける複数の欄があり、届けられた場合には、当該複数の工事監理者が業務にあたることになります。大規模な工事では十数名の工事監理者が同時に業務に従事することもあります。

　こうした従事者は、建築士法上では工事監理者、契約上は監理者となります。

そして、建築確認申請書や業務委託契約書には登場しない補助者（場合によっては無資格者である担当者を含みますが、当該担当者は、当然ながら単なる補助者の役割を超えて業務独占の範囲内にある工事監理、工事監理に関する業務は行うことはできません）も含めて、契約上の監理業務が実施されます。

さらに、民間建築工事では、設計業務を委託した建築士事務所に、監理業務も引き続き委託することが多く、その場合には、設計担当建築士と監理担当建築士が同一人になる可能性もあります。また、建築士事務所登録をしている工務店やゼネコン、ハウスビルダーなどとの設計・施工一括契約では、（建設業法上で監理技術者の専任規定に該当しないなどの）小規模の工事の場合、設計担当建築士と監理担当建築士に加えて、工事施工者（の代表者）も契約上は同一人になるケースがありますが、もちろんそれぞれ独立した業務であり、その役割は全く別のものです。

ところで、民法上の典型契約の分類では、「監理業務委託契約」は、一般に請負契約ではなく委任契約のうちの「準委任契約」（法律行為でない事務処理を委ねる契約）と考えられています。したがって、建築士事務所などがよく「監理業務は請け負っていない」などという言い方をする場合がありますが、この表現は注意が必要です。「請け負う」という用語は、単に「引き受ける」という意味ではなく、請負契約という法律用語に通じる表現と受け取られることがあるからです。基本的には多少かたい表現ですが、監理業務についてはあくまで「委託する（頼む）」、「受託する（頼まれる）」のように表現、表記すべきと考えられます。

監理（工事監理を含む）は、このように業務委託契約を締結して行う業務ですが、もちろん工事監理者として届けている建築士が当該工事監理業務を適切に行わなかった場合は、建築士事務所の開設者が契約違反（債務不履行）や不法行為責任（善管注意義務違反など）を問われる可能性があり、また契約当事者ではない監理者である建築士個人も私法上の不法行為責任（善管注意義務違反など）を直接問われる可能性があるほか、建築基準法や建築士法などの関連法令違反があれば、同時に建築士事務所の開設者に対して事務所の閉鎖や登録の取消し、担当建築士に対する懲戒処分など、それぞれ公法上の処罰規定が適用される可能性があります。

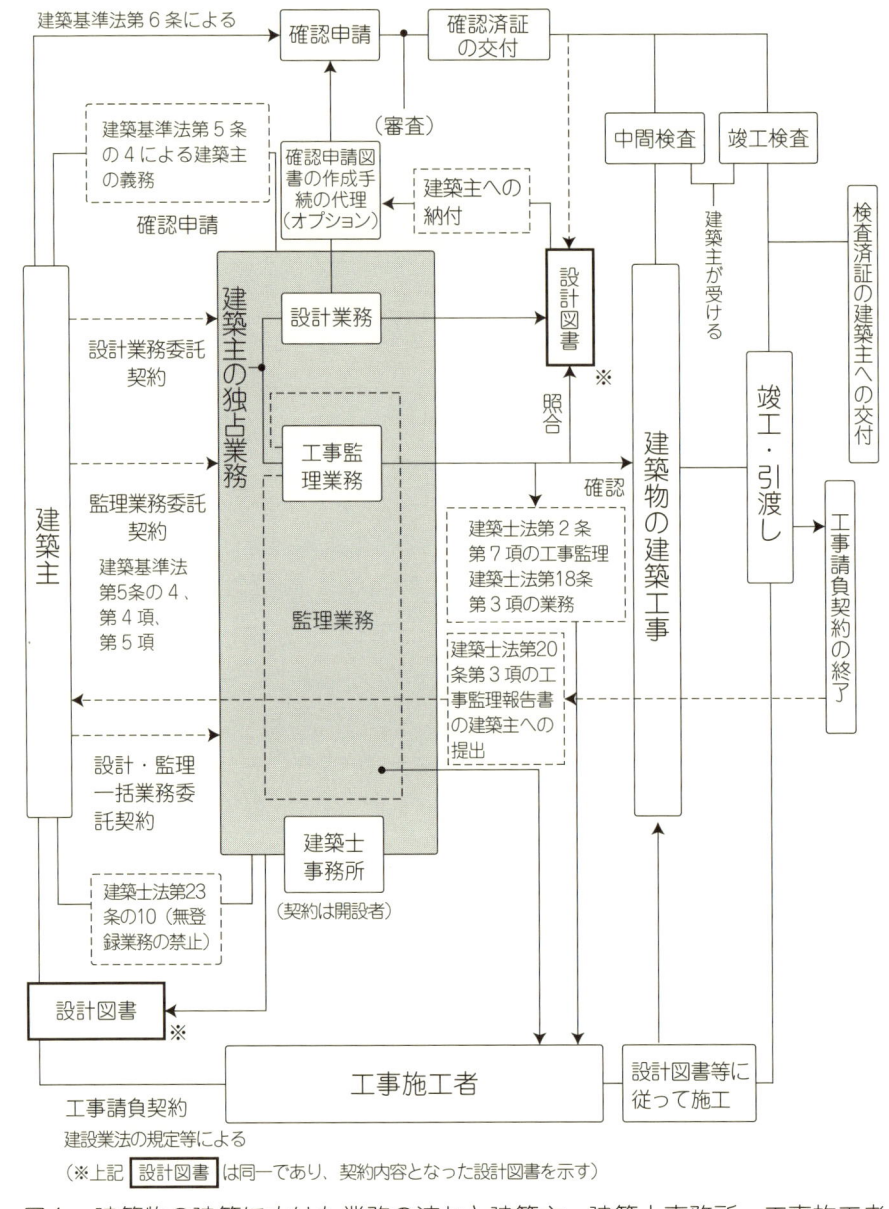

図1 建築物の建築に向けた業務の流れと建築主・建築士事務所・工事施工者の役割等

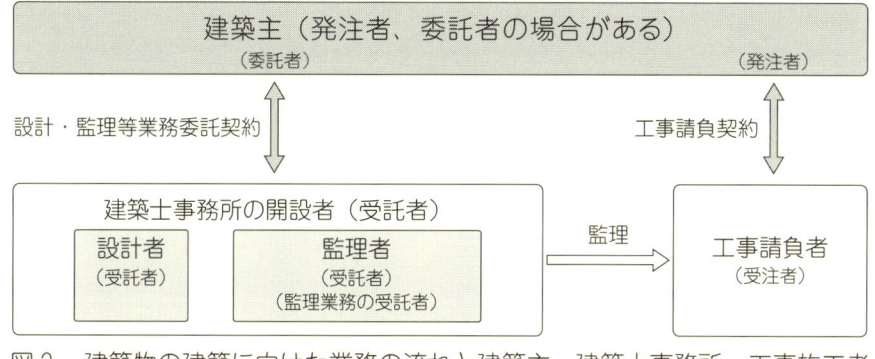

```
┌─────────────────────────────────────────────────┐
│         建築主（発注者、委託者の場合がある）        │
│         （委託者）              （発注者）          │
└──┬──────────────────────────────────────┬───────┘
   ↕ 設計・監理等業務委託契約          工事請負契約 ↕
┌──┴─────────────────────────┐        ┌──┴───────┐
│   建築士事務所の開設者（受託者）  │  監理  │           │
│  ┌────────┐ ┌──────────────┐ │ ────→ │ 工事請負者 │
│  │ 設計者  │ │    監理者     │ │        │ （受注者） │
│  │（受託者）│ │  （受託者）    │ │        │           │
│  └────────┘ │（監理業務の受託者）│ │        │           │
│             └──────────────┘ │        │           │
└─────────────────────────────┘        └──────────┘
```

図2　建築物の建築に向けた業務の流れと建築主・建築士事務所・工事施工者の関係等

　なお、図1には、建築物の建築における建築主、建築士事務所、工事施工者間の業務の流れ、それぞれが果たす役割、その根拠となる法令など、さらに図2では建築主を介した監理業務委託契約と工事請負契約の関わりなどを簡略に説明していますので、参考にしてください。

　STEP2では、主に監理と工事監理の違いや、それぞれのしくみについて見てきました。

　監理は、設計、施工とは全く別に独立して行われる業務ですが、それらとあわせて、建築物を建築するためには欠かすことのできない建築士が行う大切な業務であること、そして建築の監理業務のなかで、「工事監理」は言葉の持っている響きから、特にその業務内容等については、建築工事の「監理技術者（建設業法上の工事施工者における技術者の資格）の業務」や工事施工者が行う「施工管理」や「品質管理」と誤解され、混同されやすいこと、工事監理は誰の義務とされているのか、また公法と私法という2つの法のグループの規定にまたがる建築の「工事監理」と「監理」の業務の役割や違いをよく理解すること、建築士法の工事監理の規定と工事監理が公法に位置付けられている理由、建築士業務における独占業務と非独占業務という資格要件の有無による区別、建築士法や建築基準法に位置付けられた工事監理者と業務委託契約上の立場である監理者の用語の使い分け、などについて見てきました。

工事施工段階において、建築士が行う工事監理（公法上の規定）とそれを除く監理（私法上の契約による規定）の区別、そして契約上の監理業務にはこの両者が含まれており、いずれも建築士事務所や業務の担当建築士は、当該業務の履行において公法上の責任のみならず、私法上の（契約による）債務不履行責任及び（契約によらない）不法行為責任を負う可能性があるという意味などをよく確認し、理解しておく必要があります。こうした理解はこれから学ぶそれぞれの業務の具体的な内容や責任などにおいて、その基礎となるものですので、十分留意しながら読み進めてください。

STEP 2は以上です。次はSTEP 3〈工事監理の業務について見てみよう〉です。

《STEP 1：ウォーミングアップ課題の解答》

25問の問題文のうち、解答が○（問題文の内容はおおむね正しい）となるのは、Q1、Q3、Q5、Q6、Q7、Q13、Q14、Q15、Q18、Q19、Q21、Q22、Q25の13問です。残りは×（問題文の内容は誤った記述を含む）となります。

対応するA1～A25までの正誤解答一覧は、以下のとおりです。

不正解の設問内容は、理解が十分でない可能性があります。次のステップ以降の学習や本書STEP 7の解説等で、より正確に理解する必要があるでしょう。

| A1 | ○ | A11 | × | A21 | ○ |
|---|---|---|---|---|---|
| A2 | × | A12 | × | A22 | ○ |
| A3 | ○ | A13 | ○ | A23 | × |
| A4 | × | A14 | ○ | A24 | × |
| A5 | ○ | A15 | ○ | A25 | ○ |
| A6 | ○ | A16 | × | | |
| A7 | ○ | A17 | × | | |
| A8 | × | A18 | ○ | | |
| A9 | × | A19 | ○ | | |
| A10 | × | A20 | × | | |

1問4点の配点、合計100点満点で自己採点してみてください。
（内容の詳細な解説は107頁を参照してください）

# Step 3 工事監理の業務について見てみよう

　工事監理は「その者の責任において工事を設計図書と照合し、それが設計図書のとおりに実施されているかいないかを確認すること」と建築士法に定められていますが、工事と設計図書の照合・確認の具体的な方法など（何をどうやって、どこまで照合・確認するか、その対象、範囲や方法）については何も定められていません。これについて、業務報酬基準の告示第15号や工事監理ガイドラインには、工事と設計図書との照合・確認は、個々の工事監理者が確認対象工事に応じた合理的方法で実施すればよいとの考え方が示されています（後述の3−1の1）参照）。

　工事監理の標準的な業務の内容は、業務報酬基準の告示第15号における標準業務の内容や工事監理ガイドラインが参考になるほか、わが国の標準的な設計・監理業務の委託契約書である「四会連合協定建築設計・監理等業務委託契約約款」の基本業務内容も参考になります。これらは、各々整合をとって作成されており、工事監理業務の標準的な内容として、以下の①〜⑥を定めています。STEP 3ではこのあたりについて詳しく見ていきます。

【監理業務】
- 【工事監理に関する標準業務の内容】
  - ①工事監理方針の説明等
  - ②設計図書の内容の把握等
  - ③設計図書に照らした施工図等の検討及び報告
  - ④工事と設計図書との照合及び確認
  - ⑤工事と設計図書との照合及び確認の結果報告等
  - ⑥工事監理報告書等の提出
- 【その他の業務】（＝上記の工事監理に関する標準業務を除くその他の監理業務及び標準的な業務に含まれない追加的な監理業務）

この STEP 3 では、主に以下の 3 つがポイントになります。

> **Point**
> 1. 建築の「工事監理」の業務の対象、その範囲はどこまでか、また工事監理を行う方法について見る。
> 2. 監理や工事監理は、設計変更や設計の補完行為とは別の業務であることを見る。
> 3. 工事監理に関する標準的な業務内容を業務報酬基準の告示第15号等で具体的に見る。

## 3-1 工事監理の対象、範囲と確認の方法

### 1）工事監理（業務）は何を、どこまで、どのようにやるのか

　STEP 2 では、工事監理が建築士法（公法）上の規定であることなどを見てきましたが、実務としての工事監理業務は一体何を、どのような方法で、どこまでやらなければならないのかがよくわからない、などという建築士の声を聞くことがあります。工事監理を規定する建築士法には、工事の各段階の結果を設計図書と照合し、それが設計図書のとおりに出来ているか否かを確認せよ、といった趣旨が書かれているのみで、たしかに何（対象）を、どこまで（範囲）、どのようにやるのか（方法）といった細かな規定までは示されていません。

　したがって、建築士法によれば、工事監理の業務は、工事内容のすべて（あらゆる対象）を設計図書と照合し、設計図書のとおりにできているかいないかを全部確認する、という意味になるのでしょうか。つまり、建築工事の「ある部分」や「特定の項目」を工事監理の対象から省いてよいという規定はないことから、設計図書に含まれる内容のどの部分も、工事監理の対象外とすることは出来ない、[※1]という考え方もあるでしょう。

　実際に建築紛争などの場では、建築士法において、工事監理者が確認すべき内容を限定していないことから、施工の不具合についても、状況によっては、不具合の原因となる部分の適切な照合・確認を行わなかった（不具合を看過し

た）という理由で、工事監理者に全く責任が無いとはいえない、という趣旨の主張が法律家などからなされる場合があります。

　民事事件の場合、工事に起因する瑕疵などによって委託者に損害が発生していれば、当該損害賠償責任は、工事請負契約上の責任を負う工事施工者と、監理業務委託契約上（工事監理を含む）の責任を負う（工事）監理者が、責任の割合に応じて、それぞれ負う（負担する）、といった裁判官などの判断が働くことがあります。

　ところが、実際にはごく小規模の建築物でさえ、工事のすべての項目にわたって全箇所の全数（すべての対象の全範囲）について限られた時間（工期）や報酬（対価）条件の下で、設計図書と照合・確認することはきわめて困難であり、現実的ではありません。

　一方で、法の条文においても、個別性の強いあらゆる建築工事における工事監理の対象や範囲を一律に細かく具体的に規定することは、とても出来ません。

　そうであれば、実務としての工事監理業務においては、こうした照合や確認を現実的にどのような方法で、どの程度まで行うのかが、次の課題にならざるを得ないと考えられます。

　このことに関しては、平成21年国土交通省告示第15号や、後述する工事監理ガイドラインでは、本書のSTEP 5を担当する大森文彦氏（弁護士・東洋大学教授・1級建築士）が提示した考え方、すなわち「工事監理者が行う工事監理における確認、つまりどの範囲をどのような方法や頻度で実際に見ていくかについては、確認対象工事に応じた合理的な方法でこれを行えばよい」、[※2]という考え方をそのまま踏襲しています。

　ここでいう合理的な方法とは、具体的には**「全数確認」**を前提とせず、**「抽出による確認」**を立会い確認や書類確認に採り入れた方法などによって行うことを指していますが、どのような方法を確認対象工事に応じた「合理的な方法」と判断するかは、大森文彦氏によれば「ケース・バイ・ケースで判断されるため、第一線にいる担当者としては、客観的、技術的にみて妥当性があることを前提に、自ら的確に判断するしかない。」とされています。

　なお、工事監理及び工事監理に関する業務を含む監理業務全般を行う方法等（監理方針）については、基本的には監理業務委託契約で定めた内容でこれを

行うことになります。もちろん、設計図書に定めのある方法＝契約内容となりますので、本来は設計図書等[※3]に監理、工事監理の方法等を明記する必要があります。

　したがって、監理業務の方法等についても、設計図書などに定めがある場合については、その方法等が最優先されることになりますが、特に工事監理という業務（設計図書との照合・確認）においては、工事監理者が建築主の同意を得て、監理業務委託契約上で、工事の特定の部分については工事監理を行わないという内容の定めがあった場合、その部分について照合・確認を省略できるのか、という問題があります。

　もし照合・確認を省略した部分で不具合があった場合、当該業務委託契約の定めに従って、その部分については省略したので、工事監理者に全く責任は無い、という主張は果たして認められるのでしょうか（工事監理者は、ある工事項目について、抽出による立会い確認を合理的な方法で行い、当該工事のその余の部分については立会いではなく工事施工者の施工報告書などの書類によって照合・確認する、といった業務を一般的に行っていますが、ここでは、たまたまある部分については、一切照合・確認を行わなくてよいという契約の定めがあったことから、全く照合・確認を行わなかったところ、たまたま、その部分で施工に起因する不具合が発生し、是正指示などは一切行っていない、というケースを想定しています）。

　こうしたケースの場合、契約責任については、工事監理者の免責はあり得るかもしれませんが、前述の「設計図書に含まれる内容のどの部分も、工事監理の対象外とすることは出来ない」という考え方からすれば、建築士法上は、工事監理者が照合・確認の不履行に対する責任を負う可能性はないわけではない、といわざるを得ないでしょう。施工上の不具合の責任は、工事請負契約の範囲で工事施工者が負うものですが、それとは別に、工事監理者は、工事監理を履行するという公法上の責任（工事監理の責任）を問われる可能性がある、ということになります。

　したがって、実務者にとっては、どの項目が工事監理の対象となるのかではなく、設計図書との照合・確認について、いかに「合理的な確認方法」によってその範囲を定めてこれを行うのか、という工事監理方針（の立て方など）が

きわめて重要になってくると思われます。

## 2）工事施行中に監理者（又は監理者と同一人である設計者）が業務の中で、設計の補完行為や設計変更を自由に行うことは出来るのか

　建築士法の規定では、まず一定の建築物における資格者の独占業務として「その者の責任において設計図書を作成すること」という設計業務があり、次に作成された設計図書のとおりに（それを契約内容として）施工するという工事請負契約のもとで、工事が開始された以降の段階では、「その者の責任において工事を設計図書と照合し、それが設計図書のとおりに実施されているかいないかを確認する」という、設計とは別の独立した業務としての工事監理があります。建築士法では、工事請負契約とは別に、こうした建築士の関与の過程を経て、はじめて設計図書のとおりに契約の目的物である適法な建築物を建築するという当初の目的が実現される、としていることは、すでにSTEP2で繰り返し見てきたとおりです。

　しかしながら、この建築士法の規定は、特に設計図書の完成度がほとんど完璧であることを前提としているようにも受け取れます。ところが実態は、建築物の種類や規模等によって、あるいは程度の問題などはありますが、遺憾ながら建築の設計図書が必ずしも完全でない（施工するのに十分な情報が不足している）場合があることは、実務者であれば誰でも認識し、経験していることでしょう。

　こうした状況を背景に、特に設計・監理業務一括受託の場合、設計者による設計意図の伝達の業務[※4]とは別に、あるいはその範囲を超えて、監理業務と称して工事施工段階で設計者による不完全な設計業務の補完行為[※5]が行われている、という現実もあると思われます。「設計というのは建築物の完成まで続くもの」、あるいは「よりよい建築物をつくるためには、最後の最後まで設計内容を吟味し、推敲を重ねるべきである」といった理屈から、こうした作業が正当化されてきた面もありました。

　たしかに「終わりよければ（最後に辻褄が合っていれば）すべてよし」といった考え方はありますが、現在の建築士法や、四会連合協定建築設計・監理等業務委託契約約款などでは、基本的にはそういう考え方にはなっていません。

あくまで設計は、本来の設計業務の中で出来る限り設計図書の完成度を高めておくことが前提であり、工事請負契約の内容に影響を与えるような設計変更は、当初の設計業務とは全く別な（変更設計業務委託契約などに基づく）業務として捉えられています。すなわち、工事施工中に、工事監理や監理業務と称して、不備な設計図書を補完したり、大巾な意匠変更などの行為を行うことは、結果的に設計変更（契約内容の変更）となる場合があり、その処理の仕方などによっては、対価を前提とする工事請負契約に適った行為とはいえない（いわば後出しジャンケンのような公平さを欠く）結果になる可能性があります。

　一方で、特に建築設計は個別性の強い業務でもあります。最後の最後まで、つまり「工事施工段階であっても設計内容を吟味し、さらに推敲を重ねる」といった姿勢を許容する考え方や契約形態も、個別にはあり得るかもしれません。そうした熱意やこころざしが結果的には良質な社会的ストックとなる建築物を生み出してきた、あるいは今後も生み出す可能性は否定できない面もありますが、こうしたケースでは、工事費の増大や金額の移動を伴う場合が多く、建築主がそのことを十分納得、了解している必要があるでしょう。

　一般的な設計・監理一括の業務委託においては、まず、予算内容に見合う建築コストへの配慮等を含めて設計図書の完成度を高め、次に工事施工段階において、監理者として工事監理を含む監理業務を誠実に履行し、設計の意図を伝達する業務に限って、それを設計者として適切に行うこと、が契約社会において、契約の双務性を担保する建築士業務の前提となるでしょう。

　監理業務は、工事請負契約等の内容に大きく影響を与えるような設計の補完行為ではありません。監理業務と称して、当該業務の報酬を得て自ら不備な設計業務を補完するアンフェアな行為は、建築士の社会的な信用を棄損し、監理という行為を建築士自らが貶める結果につながりかねないと考えられます。

### 基本事項の解説⑤　（STEP 3-1の※注記）

〈工事監理の対象外とすることは出来ない〉とは[※1]

　建築士法の工事監理の定義はきわめて包括的、簡略なもので、この規定によれば基本的には「設計図書に含まれる内容のどの部分も、工事監理の対象外とすることは出来ない」という解釈が成り立つという意味ですが、

実際には、これにもいくつかの考え方があると思われます。

〈合理的な方法でこれを行う〉とは[※2]

本書の著者である大森文彦氏（弁護士・東洋大学教授・1級建築士）がその著書（「建築工事の瑕疵責任入門」大森文彦：大成出版社2007年）や（「新・建築家の法律学入門」大森文彦：大成出版社2012年）で示している考え方が、国の告示やガイドラインに全面的に取り入れられたもので、工事監理の方法についての明確な方向性が初めて具体的に示された画期的な内容といわれています。

〈設計図書等〉とは[※3]

工事監理の対象はあくまで設計図書ですが、ここでは建築基準法でいう設計図書（図面と仕様書）に加え、同じく契約内容となる現場説明書、質問回答書を含んだ対象として設計図書等としています。

〈設計の意図伝達業務〉とは[※4]

告示第15号では、設計の標準業務として工事施工段階の実施設計業務である「工事施工段階で設計者が行うことに合理性がある実施設計に関する標準業務」を定めています。これはいわゆる設計意図の伝達業務と呼ばれるもので、概念整理上は設計意図を示すことが出来るのは、唯一原設計者のみなので「設計者が行うことに合理性がある」業務とされているのです（「新・建築家の法律学入門」大森文彦：大成出版社2012年）。具体的には告示第15号による「設計意図を正確に伝えるための質疑応答、説明等」、「工事材料、設備機器等の選定に関する設計意図の観点からの検討、助言等」の業務がこれに該当しますが、もちろん、これは設計のやり直し（変更）を含む補完行為という意味ではありません。

〈不完全な設計業務の補完行為〉とは[※5]

いわゆる設計意図の伝達業務や工事金額の変更を伴わない軽微な変更の範囲を超えて、設計自体の不備な部分の設計のやり直しや意匠の変更設計等（補完行為）を行うことを指しています。これを監理者が行う場合、次の2つの問題があると考えられます。たとえば、設計・監理一括の契約の場合、工事施工段階で当該設計者が監理業務と称して実際には設計の補完業務を行っているケースでは、建築主に対して不誠実な行為となる可能性があり、他には工事請負契約の内容となった設計図書に変更が生じれば（内容や金額の変更を伴うことで）設計変更に該当する可能性があります。これを設計者とは別の監理者が行う場合には、建築士法第19条（設計の変更）に定める手続きが必要となる可能性があり、変更内容によっては同様に設計変更に該当する可能性があります。

### 3-2　工事監理業務の内容

　ここからは、STEP 2で見てきた監理と工事監理の違いなどを踏まえて、これらの業務内容について個別に見ていきますが、STEP 3では、以下に工事監理及び工事監理に関する業務（基本事項の解説②24頁※6参照）の内容を取り上げています。

・**工事監理（及び工事監理に関する）業務の内容　―3つの資料から―**

　建築士は、工事施工段階で、監理業務委託契約に基づく監理者として、建築基準法、建築士法で定められた「工事監理」以外にも「設計業務、あるいは本来は設計者として行う業務」を除くさまざまな業務を同時に行っており、こうしたいわゆる監理的な業務は、STEP 2で見たとおり建築士法制定以前からある業務ですが、現在では、契約上行う「工事監理」を含む工事施工段階の業務全般を監理業務としています。

　ここでは、こうした工事施工段階で建築士が行う設計を除いた広範な業務の中から、唯一取り出された公法上の規定であり、設計とともに建築士の業務独占の範囲にある「工事監理」を含む業務の内容を、あらためて整理してみましょう。その際に本書では、以下の3点の資料を参照しながら見ていきます。

> A．**平成21年国土交通省告示第15号**（平成21年1月7日公布・施行。設計等の業務[※1]の業務報酬基準の告示のことで、本書では単に「告示第15号」や「告示」という場合があります。なお、ここでは同告示第15号の一部改正告示である平成21年6月4日公布・施行の平成21年国土交通省告示第612号の改正内容を含みます）
> B．**工事監理ガイドライン**（平成21年9月1日公布：国土交通省住宅局建築指導課）
> C．**四会連合協定「建築設計・監理等業務委託契約約款及び契約書類」**（四会連合協定建築設計・監理業務委託契約約款改正検討委員会：平成21年7月改正版：本書ではこれを単に「四会約款」[※2]と短縮して表現する場合があります）

　これらは、工事監理業務の資料のみならず、建築士が専門資格者として自らの業務を行う際には、必携の参照アイテムですので、ぜひ日頃から手元に置い

ていただきたいと思います。

　（なお、これらの資料の入手方法ですが、インターネットで、Aは「建築士の業務報酬基準の告示」で検索すると国土交通省、一般社団法人新・建築士制度普及協会、公益社団法人日本建築士会連合会、一般社団法人日本建築士事務所協会連合会などのサイトから、Bは「工事監理ガイドライン」で検索すると同上サイト等から、それぞれ解説パンフレットやＰＤＦ全文データ等がダウンロード出来ます。[※3] Cは各都道府県建築士会、建築士事務所協会などの建築関連団体事務局等で頒布しています。詳細は各団体のホームページ等で案内をしています。また、Aについては（「新しい建築設計・工事監理等の業務報酬基準と算定方法」宿本尚吾：大成出版社2010年）、Cについては（「四会連合協定建築設計・監理等業務委託契約約款の解説」大森文彦・天野禎蔵・後藤伸一：大成出版社2009年）などの解説書があります。

## A．告示第15号の「工事監理に関する標準業務」の内容

　　　　建築主と建築士事務所が、建築士の行う設計や工事監理等の業務委託契約をかわす際の業務報酬の算定方法等を、建築士事務所の開設者に対して示した「業務報酬基準の告示」が、平成21年国土交通省告示第15号です。
　　　　この告示第15号による設計等の業務報酬の算定は、建築物を15類型に分類し、各類型ごとに、床面積別で示された標準業務量をもとに、実費加算方法、略算方法（STEP 6参照）と呼ばれる方法で行いますが、この標準業務量の目安となる業務内容が、いわゆる標準業務内容と呼ばれるものです（工事監理を含む監理業務の場合、当該業務において、建築士が標準的に履行する業務内容を指し、この業務をすべて履行した場合の業務量が告示第15号の略算表で示されている工事監理に関する業務＋その他業務の業務量を合計した標準業務量になります）。この告示第15号は強制ではありませんので、告示で示された標準業務内容も、そのすべてが強制的に行うとされる業務内容というわけではありませんが、同告示第15号では『設計又は工事監理に必要な情報が提示されている場合に、一般的な設計受託契約又は工事監理受託契約に基づいて、その債務を履行するために行う業務』（告示第15号別添一）を標準業務としており、この内容は、わが国の

建築士が一般的に行う設計及び（工事監理を含む）監理業務内容のほぼ標準版といってよいでしょう。

ところで、告示第15号では、この設計と工事監理等の標準業務を以下の5項目に分類しています。

（告示第15号「別添一」）
　①基本設計に関する標準業務
　②実施設計に関する標準業務
　③工事施工段階で設計者が行うことに合理性がある実施設計に関する標準業務
　④工事監理に関する標準業務
　⑤（④と一体となって行われる）その他の標準業務

　上記のうち、本書で扱う監理に関する業務に該当するのは④と⑤ですが、告示は（ここでは、国土交通大臣による勧告を国土交通省告示として）国が示したものであり、建築士法との整合の観点から、「工事監理」という法で定めた用語以外は、一切用いていない、つまり、「監理」という用語は法文上にないので、用いていない、という点に注意してください。したがって、告示第15号では、④は「工事監理に関する標準業務」、⑤は「その他の標準業務」という曖昧な表現となっているのですが、これを一般的に業務で使われる言い方に直しますと、④は、「工事監理を含み、さらに法で工事監理者の義務として規定されている業務及びこれらと密接に関わる業務による建築士の独占業務のグループ」である標準業務、⑤は④を除いた「その他の（監理の）標準業務（非独占業務のグループ）」、ということになります。そして実際には、告示第15号の④と⑤が一体的に業務委託契約によって、「監理」の標準業務（工事監理に関する標準業務及びその他の標準業務）として行われていることになります（図3参照）。

　なお、本書では、従前から、より正確を期して「工事監理及び工事監理に関する業務」としている表現を、告示第15号では上記のごとく単に④の「工事監理に関する標準業務」と省略して、表記している点にも注意してください。

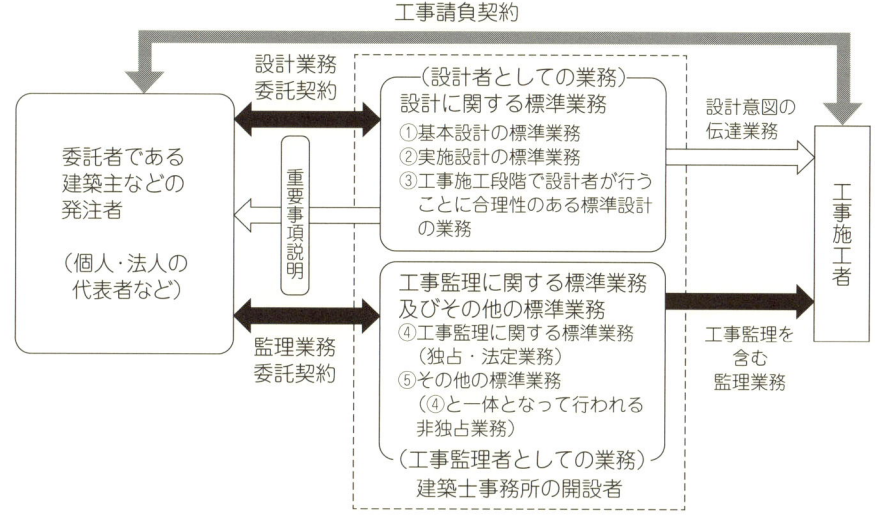

図3　告示第15号別添一による標準業務と契約

　それでは告示第15号の「④工事監理に関する標準業務」の具体的な内容を見ていきましょう。この業務は、「実施設計図書に基づき、工事を設計図書と照合し、それが設計図書のとおりに実施されているかいないかを確認するために行う業務」とされ、具体的な業務内容は以下のとおりです。

## 1．工事監理方針の説明等の業務

### 1）工事監理方針の説明

　工事監理の着手に先立って、工事監理方針書を作成して工事監理体制や照合確認の対象、範囲、方法などを詳しく示したり、工事監理方針全般について建築主に説明する業務を指します。なお、説明の方法は口頭で行う場合もあり、当該方針書（文書等）の作成自体は任意なので標準業務には含まれていません。また、この内容が予め設計図書等に示されている場合には、どのような方法で工事監理を行うのかという監理方針の内容が工事施工者の見積もり条件のひとつ（工事施工者が監理業務への対応に要する費用の検討など）になる場合があります。この説明は、一般に（工事）監理者自らが工事監理の方針やその関与の仕方等について説明する重要な業務であり、独占業務の範囲と考えられます。

2）工事監理業務方法変更の場合の協議

　　工事監理の方法に変更が生じた場合に、工事監理者が建築主と協議する業務を指します。設計者とは別の建築士事務所が行う第三者監理の際に、設計図書で定められた方法を変更しようとする場合などもこれに該当します。この業務も前記1）の趣旨から独占業務の範囲です。

## 2．設計図書の内容の把握等の業務

1）設計図書の内容の把握

　　設計図書の内容を把握し、設計図書に明らかな矛盾、誤謬、脱漏、不適切な納まり等を発見した場合には、建築主に報告し、必要に応じて建築主を通して設計者に確認する業務を指します。設計者、工事監理者が同一人であれば、「設計内容の把握≒設計意図の再確認」となり、矛盾等があれば「設計者が自ら追完（≒修正等）により矛盾を解消する」などの作業を行うことになりますが、実際には建築主への報告や図書の差し替えなどが必要となる場合があります（契約内容の変更を伴う設計変更はこうした追完の作業とは全く別の業務です）。この業務は、工事監理の履行を前提に行う工事監理者の業務であり、工事監理者が設計内容を伝達したり、設計図書との照合を正確に行うために不可欠な業務であることから、独占業務の範囲になります。ただし、あくまで内容の把握の範疇であり、たとえば、設計図書の審査を工事監理者に義務付けるような内容の業務ではありません。

2）質疑書の検討

　　工事施工者から工事に関する質疑書が提出された場合、設計図書に定められた内容（形状、寸法、仕上がり、機能、性能等）を確保するという観点から技術的に検討して、必要に応じて建築主を通じ設計者に確認の上、回答を施工者に通知する業務を指します。本来、この通知をするのは建築主ですが、一般的には、業務委託契約や建築主の指示等によって建築主に代わり、工事監理者が直接に工事施工者に通知する場合があります。上記1）の業務と同様に独占業務の範囲になります。

## 3．設計図書に照らした施工図等の検討及び報告の業務

1）施工図等の検討及び報告

設計図書の定めによって、工事施工者が作成し、提出する施工図（躯体図、工作図、製作図等をいいます）、製作見本、見本施工等と設計図書との内容の適否を検討し、その結果を建築主に報告する業務を指します。また、設計図書に定めがない場合、工事監理者が特に業務遂行上、必要と思われるものについて当該作成を指示する場合があります。この業務は、施工図等を承認する業務ではなく、また、設計図書と工事との照合・確認のみを指す工事監理業務そのものではありませんが、設計図書との同一性をいわば事前に確認する業務の一環であり（いわゆる「事前の工事監理」：大森文彦氏による。後述）、設計図書との照合・確認を含む独占業務の範囲に該当します。

2）工事材料、設備機器等の検討及び報告

　設計図書の定めによって、工事施工者が提案又は提出する工事材料、設備機器等（当該工事材料、設備機器等にかかわる製造者及び専門工事業者を含む）及びそれらの見本と設計図書との内容の適否を検討し、その結果を建築主に報告する業務を指しますが、これは工事材料、設備機器等を承認する業務ではありません。この業務も前記1）の業務と同様に業務独占の範囲になります。

## 4．工事と設計図書との照合及び確認の業務

　工事が設計図書の内容に適合しているかについて、設計図書に定めのある方法による他、目視による確認、計測による確認、工事施工者から提出される品質管理記録の確認などを、確認対象工事に応じた抽出等による合理的方法によって行います。この業務は工事と設計図書の内容との照合・確認の業務であり、建築士法上の「工事監理」そのもの（独占業務）です。

## 5．工事と設計図書との照合及び確認の結果報告等の業務

　工事と設計図書との照合及び確認の結果、工事が設計図書のとおりに実施されていないと認められる場合には、直ちに、施工者にその旨を指摘し、設計図書のとおり実施するよう求めます。工事施工者がこれに従わないときは、その旨を建築主に報告します。さらに、工事施工者が、設計図書のとおり施工しない理由について建築主に書面で報告した場合には、建築主及び工事施工者と協議することになります。こうした業務は、建築士法第

18条第3項に定められた工事監理者の義務の規定（基本事項の解説②※6参照）によるもので、工事監理者である建築士が行わなければならない、法で規定された（独占）業務です。

### 6．工事監理報告書等の提出の業務

　　工事と設計図書との照合及び確認をすべて終えた後（建築物の完成時）、工事監理者が工事監理報告書等を建築主等に提出する業務を指しますが、この業務は建築士法第20条第3項等に定められた工事監理者の義務の規定（基本事項の解説②※6参照）によるもので、建築士が工事監理者として行わなければならない、法で規定された（独占）業務です。

　前記6項目の業務は、建築士法に規定された工事監理（4のみ）、同じく工事監理者が行うとして、法で規定された業務（5、6）及び工事監理の履行と密接に関わる業務（1〜3）です。一定の建築物については、すべて建築士でなければ出来ない業務（独占業務）のグループです。つまり、4〜6の業務は、いずれも建築士法、建築基準法上に規定する工事監理者の義務であり、1〜3（工事監理方針の説明等、設計図書等の内容の把握、設計図書に照らした施工図等の検討及び報告）とあわせて、一定の建築物では「工事監理を含む独占業務」のグループ、という位置付けになるため、告示第15号では「工事監理に関する標準業務」と表現されていると考えられます。

　ところで、この「4．工事と設計図書との照合及び確認」の「具体的な確認の方法」については、前述のとおり大森文彦氏の「工事監理者の確認は、「対象工事に応じた合理的方法による確認」と考えるべきである。」とする見解に倣って、告示第15号では「工事施工者の行う工事が設計図書の内容に適合しているかについて、設計図書に定めのある方法による確認のほか、目視による確認、抽出による確認、工事施工者から提出される品質管理記録の確認等、確認対象工事に応じた合理的方法により確認を行う。」と明確に規定しています。これは確認方法の考え方、つまり、設計図書との照合・確認の業務は必ずしも全数確認[※4]を意味するものではない（一般的には工事監理者によるあらゆる工種にわたる全数確認などはほとんど不可能とされています）ということが、はじめて公的に明示された、特に実務者である建築士にとっては画期的な内容

であるともいわれています。
　さらに具体的な「合理的方法による確認」の詳細については、次の工事監理ガイドラインに確認方法の選択肢として例示されています（同ガイドライン別紙1～5「確認項目及び確認方法の例示一覧」参照）。

## B．工事監理ガイドラインに見る工事監理の業務の内容

　「工事監理ガイドライン」は、同ガイドラインによれば、「（告示第15号に示された）別添一第2項「工事監理に関する標準業務及びその他の標準業務」のうち、第一号「工事監理に関する標準業務」の表（4）欄に掲げる「工事と設計図書との照合及び確認」の業務内容に示す「確認対象工事に応じた合理的方法」について、具体的に例示することを目的とする。」とされています。

　すなわち、「工事監理ガイドライン」は、告示第15号における「工事監理」に関する業務の最も中心部分である「確認対象工事に応じた合理的方法により行う」とされた「合理的な確認方法」の具体的な内容のみを、国土交通省がガイドラインというかたちで示したものです。

　また、このガイドラインについては、「適正な工事監理を行うためには、ガイドラインの内容を建築主及び建築士双方が理解の上で、個別の工事に即して、工事と設計図書との照合及び確認の内容、方法等を合理的に決定することが重要」であり、「この際にガイドラインに基づいて工事監理を行うことが強制されるものではありません。」とされています（「工事監理ガイドライン講習テキスト初版」新・建築士制度普及協会：2009年）。

　したがって、この「工事監理ガイドライン」は、工事監理以外の業務については一切触れていません。建築士はこのことに十分注意してガイドラインを利用することが肝要です。さらに、このガイドラインは強制ではないことから、ガイドラインによる確認方法は、実際には抽出等による確認を行う場合の選択肢（立会い確認、書類確認、あるいはその両方を併用するなど）として理解してください。

　実際の工事監理の合理的確認は、個々の建築物に応じた個別、具体的な合理的方法、つまり技術的、客観的に見ておおむね妥当であると考えられ

るような方法によって、個別の業務委託契約の定め（建築主との合意内容）に従って、合理的判断のもとに行い、対象工事の確認につき、どのような方法が合理的であるのか、という判断は、抽出による確認を基本として、個々の工事監理者の責任でなされることになります。

　工事監理の確認の範囲や方法は、工事監理ガイドラインでは、非木造（一般建築）と木造（戸建て住宅）にわけて、建築物の工事種別ごとに工事内容と工事監理者の確認内容、確認方法の選択肢が一覧表示されています。※5

### C．四会連合協定建築設計・監理等業務委託契約書類の業務委託書に見る「工事監理に関する業務」の内容

　建築士が行う業務は、基本的には建築主と建築士事務所による業務委託契約によって履行されますが、わが国における建築設計・監理業務委託の標準的な契約書式である四会連合協定建築設計・監理等業務委託契約約款及び契約書類は、契約書、約款、業務委託書の３点セットでこの業務委託契約を締結することになっています。

　この四会約款は、民間の建築関連４団体共同（基本事項の解説⑥※２参照）で作成されたものですが、告示第15号の制定に際してその内容が参照されたという公平性の高い約款とされています（「新・建築家の法律学入門」大森文彦：大成出版社2012年）。この四会約款においては、強制ではない告示第15号の「標準業務」の内容を、法的に履行義務のある契約の業務内容とするため、若干その文言等をあらためています。たとえば、契約上の履行義務として「標準業務」ではなく、「基本業務」（つまり、特に定めがなければ、契約上は履行する義務のある業務）といい換えています。この「基本業務」の具体的な内容については、「業務委託書」に示されていますが、告示第15号の標準義務とほぼ同じです。

　ここでは、この四会連合協定建築設計・監理等業務委託契約書類による業務委託書の「工事監理に関する基本業務」（建築士法上の工事監理を含んだ建築士の業務独占の範囲にある業務）の内容を見ます。

　「工事監理に関する基本業務」とは、「工事を設計図書等（工事請負契約

の内容となった設計図書並びに見積要項書及び質問回答書を総称していう。以下、同じ。）と照合し、それが設計図書等のとおりに実施されているかいないかを確認するために、次に掲げる業務を行う。」とされており、それらの業務は、以下のとおりです。

> 4 A101　**監理業務方針の説明等**（告示第15号の「工事監理に関する標準業務」1に対応）
> 　1）監理業務方針の説明
> 　2）監理業務方法変更の場合の協議等
> 　3）監理業務の書面主義
> （この項目は告示第15号にありませんが、契約業務なので特に書面主義を強調しています）
> 4 A102　**設計図書等の内容の把握等**（同上2に対応）
> 　1）設計図書等の内容の把握
> 　2）質疑書の検討
> 4 A103　**施工図等の設計図書等に照らした検討及び報告**（同上3に対応）
> 　1）施工図等の検討及び報告
> 　2）工事材料、設備機器等の検討及び報告
> 4 A104　**工事と設計図書等との照合及び確認**（同上4に対応）
> 4 A105　**工事と設計図書等との照合及び確認の結果報告等**（同上5に対応）
> 4 A106　**工事監理報告書等の提出**（同上6に対応）

　上記では、告示第15号の標準業務で用いられている「工事監理」という言い方ではなく、すでに見てきたとおり「監理業務」と、実務に即して「監理業務委託契約」における契約上の表現（委託業務名）に言い換えています。しかし、この4 A101から4 A106の業務の内容は、同告示の「工事監理に関する標準業務」の6項目にほぼ該当し、実際には、契約の定めによる監理者が「工事監理者」として行う業務です。

　ところで、上記のうち特に「4 A103：1）施工図等の検討及び報告、2）工事材料、設備機器等の検討及び報告」では、告示第15号にはない監理者の（施工図や材料、機器等の）承認の業務が明示されている点に注意してくださ

55

い（業務内容の具体的な説明では「適合していると認められる場合には、工事施行者に対して承認する。」としています）。このように、四会約款では、監理業務の一環として、本来、監理者にはないとされる、つまり建築士法や告示第15号にはない承認権限を付与していますが、それは、「監理業務委託契約上の委託者から受託者への授権によるもの」（前掲書：「四会連合協定建築設計・監理等業務委託契約約款の解説」大森文彦・天野禎蔵・後藤伸一：大成出版社2009年）、であり、それ「施工者が施工図で仕事をしようとしている姿を具体的に示しているときに、その施工図が設計図書と一致していないにもかかわらず、何のチェックもせずに、実際に工事を行った後に是正を求めるのは極めて不合理であることから、いわば「事前の工事監理」として事前確認を行う」（前掲書：「新・建築家の法律学入門」大森文彦：大成出版社2012年）という考え方などに基づいていると考えられます。

　また、「4A104　工事と設計図書等との照合及び確認」は、建築士法上の工事監理業務そのものですから、これを怠ると契約当事者である建築士事務所の債務不履行責任や不法行為責任だけではなく、監理者個人が不法行為責任を問われる可能性があり、こうした私法上の責任のみならず、公法上では建築基準法や建築士法違反を問われ、建築士（担当者）、建築士事務所のいずれもが同時に懲戒処分等の対象となる可能性があります。4A105、4A106の業務も建築士法に規定された工事監理者の義務であり、契約においても省略することはできません。

　工事監理を含むこれら6項目の業務が建築士の業務独占の範囲内にある理由は、「Ａ．告示第15号の工事監理に関する業務の内容」で見てきたとおりです。

　以上Ａ～Ｃが、3点の参照資料による工事監理及び工事監理に関する標準的な業務の内容です。

　STEP 3は以上です。次はSTEP 4〈工事監理に関する業務を除くその他の監理業務について見てみよう〉です。

### 基本事項の解説⑥　（STEP 3-2の※注記）

〈設計等の業務〉とは[※1]

　建築士法第23条では、建築士事務所の開設者が業として行う建築物の設計、工事監理の他に、建築工事契約に関する事務、建築工事の指導監督、建築物の調査若しくは鑑定又は建築物の建築に関する法令もしくは条例の規定に基づく手続きの代理その他の業務を規定しています。告示第15号では、設計事務所の開設者を契約者とする建築物の設計、工事監理、建築工事契約に関する事務又は建築工事の指導監督の業務をあわせて「設計等の業務」と呼び、この「設計等の業務」のみが告示第15号の業務報酬基準の対象とされています。

〈四会約款〉とは[※2]

　建築関連4団体（（公社）日本建築士会連合会、（一社）日本建築士事務所協会連合会、（公社）日本建築家協会、（一社）日本建設業連合会）によって作成、制定された設計・監理等業務の共通業務委託契約書式が「四会連合協定建築設計・監理等業務委託契約書類」（平成21年7月改正）です。ここで契約内容として規定している基本業務内容は告示第15号とほぼ同じで、当該契約書類は図4（58頁）の構成になっていますが、本書では、これらの書類、書式全体を単に四会約款、四会連合協定契約書類などと総称しています。

〈インターネットでの入手方法〉[※3]

　平成25年8月時点のデータに基づきます。

〈全数確認〉とは[※4]

　ある工事項目について、すべての施工箇所や材料、部材等の使用数量などを含む工事結果の全部を確認することを指します。厳密には釘1本まで設計図書のとおりに、あるいは性能規定等に基づいているかなどを確認することになります。仮に施工に起因する瑕疵などがあった場合、全数確認が前提であれば、すべてについて、これをしていないと確認を怠ったと判断されることがあり得ますが、そうした確認は、事実上不可能に近く、また、それでは工事監理者が、直接の契約関係にないはずの施工管理業務をはじめとする本来の工事施工者の業務や責任をすべて引き受けることになる可能性があり、実務上は、現実的、合理的ではないと考えられます。これに代わって現実的、合理的な確認方法として、抽出による確認を中心とする方法などが考えられます。

〈工事監理ガイドラインの手引き〉について[※5]

　工事監理ガイドラインの徹底利用ガイドとして、「実務者のための工事

監理ガイドラインの手引き」(「工事監理ガイドラインの適正活用検討研究会」編著:「公益財団法人建築技術教育普及センター」編集:新日本法規出版)が2013年秋に発刊されます。工事監理ガイドラインによる照合・確認の具体的方法を写真等で例示した、初めての詳細なガイドブックです。

```
                        契約書類

┌─────────┬─────────┬─────────┬─────────┬─────────┐
│建築設計業務 │ 監理業務  │建築設計・監理│ 調査・企画 │建築設計、調査・監理企画│
│委託契約書  │委託契約書 │業務委託契約書│業務委託契約書│業務委託契約書│
└─────────┴─────────┴─────────┴─────────┴─────────┘

        約 款   業務委託契約約款 (共通)

業務委託書
┌─────────────────────────────────────┐
│            基本業務＋オプション業務            │
│          オプション業務の委託内容は①に具体的に記述    │
│①契約業務一覧表  ┌─────────┐        ＋ ②基本業務委託書│
│          │オプション業務│建築士法第24条の│        │
│          │サンプル一覧表│7及び8の書面 │        │
│          │参考資料   │       │        │
│          └─────────┘        │        │
└─────────────────────────────────────┘
```

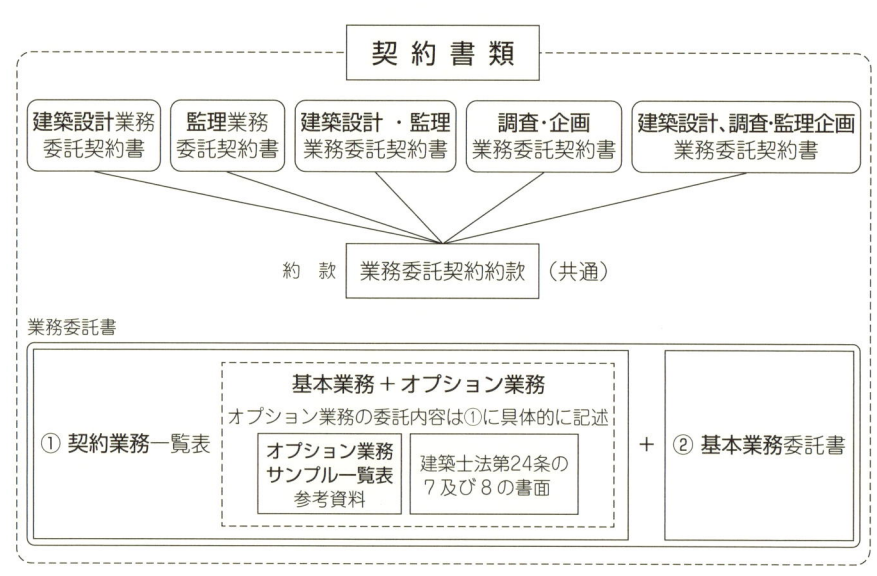

図4　四会連合協定建築設計・監理等業務委託契約書類の構成

# Step 4 工事監理に関する業務を除くその他の監理業務について見てみよう

　監理業務については、建築士法や建築基準法には何ら直接的な定めはありませんが、むしろ工事監理が法で規定される以前から、工事施工段階で建築の専門技術者などによって、一般的に行われてきた広範な業務を指すと考えられます。わが国では、建築士法制定以後は、工事監理を含む当事者間の業務委託契約により履行される業務を指しています。

　STEP 4で扱う「工事監理（及び工事監理に関する業務）を除くその他の監理業務」の標準的な内容は、業務報酬基準の告示第15号における「その他の標準業務」が参考になるほか、標準的な監理業務の委託契約書である「四会連合協定建築設計・監理等業務委託契約約款」の基本業務内容も参考になります。これらは、各々整合をとって作成されており、工事監理（に関する業務）を除くその他の監理業務の標準的な内容として、以下の①〜⑦を定めています。なお、個別の契約においては、これら以外の業務（追加業務）をあわせて同時に行うこともあります。

【監理業務】
　├【工事監理に関する標準業務】（STEP 3による）
　│
　└【その他の業務の内容】（＝上記を除くその他の標準的な監理業務）
　　　①請負代金内訳書の検討及び報告
　　　②工程表の検討及び報告
　　　③設計図書に定めのある施工計画の検討及び報告
　　　④工事と工事請負契約との照合、確認、報告等
　　　⑤工事請負契約の目的物の引渡しの立会い
　　　⑥関係機関の検査の立会い等
　　　⑦工事費支払いの審査

このSTEP 4では、主に以下の3つのポイントを中心に見ていきます。

> **Point**
> 1. 建築の監理業務のうち、「工事監理（及び工事監理に関する業務）を除くその他の業務」は契約上「監理業務」の一部と位置付けられ、「工事監理（及び工事監理に関する業務）」と一体として行う業務である。
> 2. 上記の業務内容を業務報酬基準の告示第15号の標準業務等で具体的に見る。
> 3. 監理の追加的な業務とは、告示の標準業務や四会約款の基本業務には含まれていない標準外の業務、すなわち必要に応じて建築主との合意に基づき、契約（特約）によって追加で行う業務であり、その内容を見る。

## 4-1　工事監理及び工事監理に関する業務を除くその他の監理業務とは

　ここでは、告示第15号でいう「工事監理に関する標準業務」と一体となって行われる「（工事監理及び工事監理に関する業務を除く）その他の標準業務」について、さらには「標準業務に含まれない追加的な監理業務」についても見ていきましょう。すなわち、これらの業務は、本書でいう広範な「監理業務」のうち、STEP 3で見てきた建築士の独占業務である「工事監理及び工事監理に関する業務」を除いた「監理に係わるその他の業務」、つまり、資格の有無を問わない（資格要件のない）非独占業務として契約上行う業務のグループ、ということになります。

　告示第15号では、法に定めのない「監理」という表現を一切用いていないので、「（工事監理に関する業務を除く）その他の標準業務」とされていますが、これは、上記のごとく公法上の義務としてではなく、業務委託契約によって建築士が標準的に行う広範な「監理業務」のグループに該当するという意味です。

　STEP 4では、STEP 3で参照した資料のうち、工事監理のみを扱っている「工事監理ガイドライン」は参照の対象とはなりませんので、以下のごとく告

示第15号と四会約款の業務委託書を参照します。

## A．告示第15号による「その他の標準業務」の内容

前ステップで見たように、告示第15号では、工事施工段階において、以下の標準業務を定めています。
- 工事監理に関する標準業務
- （上記と一体となって行われる）その他の標準業務

告示による上記の「その他の標準業務」とは、STEP 3 で見てきた「工事監理に関する標準業務」と一体となって行われる以下に掲げる業務とされています。また、この業務は、基本的に建築士が行うものですが、建築士資格は要件とはならず、個々の業務では、部分的に補助者等が行う場合があります。

### 1．請負代金内訳書の検討及び報告の業務

工事施工者から提出される請負代金内訳書の適否を、公示単価等を参照したり、数量を確認するなど合理的な方法により検討して、当該検討結果を建築主に報告する業務を指しますが、これは請負代金内訳書の内容を監理者が承認するという業務ではありません。

### 2．工程表の検討及び報告の業務

工事請負契約の定めによって、工事施工者が作成し、提出する工程表の（契約で定められた工期の遵守や設計図書で定められた品質の確保の観点による）適否を検討し、これらが達成されない恐れがあると判断するときは、その旨を建築主に報告する業務を指しますが、これは工程表の内容を監理者が承認するという業務ではありません。

### 3．設計図書に定めのある施工計画の検討及び報告の業務

設計図書の定めによって、工事施工者が作成し（つまり何もかも工事施工者に作成義務があるというわけではありません。基本的には設計図書等に定める範囲です）、提出する施工計画の（契約で定められた工期の遵守や設計図書で定められた品質の確保の観点による）適否を検討し、これらが達成されない恐れがあると判断するときは、その旨を建築主に報告する

業務を指しますが、これは施工計画の内容を監理者が承認するという業務ではありません。

### 4．工事と工事請負契約との照合、確認、報告等の業務

1）工事と工事請負契約との照合、確認、報告

　　工事が、設計図書に関する内容を除く工事請負契約の内容に適合しているかについて、目視や計測による立会い確認、あるいは工事施工者から提出される品質管理記録等の書類確認などを抽出によって行うなど、確認対象に応じた合理的方法によって確認を行います。確認の結果、適合していない箇所がある場合には、施工者に是正する旨の指示を与え、工事施工者がこれに従わないときは、その旨を建築主に報告する業務を含みます。工事監理が設計図書との照合、確認のみの業務であるのに対して、この業務は、検査等によって行う工事と（設計図書に関する内容を除くその他の）工事請負契約の内容との照合・確認であり、工事監理そのものではありませんが、通常は工事監理と一体で監理者が行う業務です。

2）工事請負契約に定められた指示、検査等

　　設計図書に定めるものを除く工事請負契約に定められた指示、検査、試験、立会い、確認、審査、承認、助言、協議等を行う業務を指します。また工事施工者がこれを求めたときは、監理者はすみやかに応じる必要があります。

3）工事が設計図書の内容に適合しない疑いがある場合の破壊検査

　　工事が設計図書の内容に適合しない疑いがあり、かつ破壊検査が必要と判断した場合、工事請負契約の定めにより、その理由を施工者に通知して必要な範囲の破壊検査を行う業務を指します。当該検査の費用負担等については、検査の結果に対応する工事請負契約（約款）の定めによっている場合が一般です。

### 5．工事請負契約の目的物の引渡しの立会いの業務

　　工事施工者から建築主への工事請負契約の目的物の引渡しに、監理者が立会う業務を指します。

### 6．関係機関の検査の立会い等の業務

　　法令に基づく関係機関の検査に必要な書類を、監理者が工事施工者の協

力を得て取りまとめ、検査に立会い、検査時の指摘事項については、工事施工者が作成、提出する検査記録等に基づいて建築主に報告する業務を指します。

### 7．工事費支払いの審査の業務
1）工事期間中の工事費支払い請求の審査
　　工事施工者から提出される工事期間中の工事費の支払いの請求について、その内容が工事請負契約に適合しているかについて監理者が技術的に審査し、結果を建築主に報告する業務を指します。
2）最終支払い請求の審査
　　工事施工者から提出される最終の支払いの請求について、その内容が工事請負契約に適合しているかについて監理者が技術的に審査し、結果を建築主に報告する業務を指します。

　上記7項目の個々の業務内容については、いずれも建築士でなくても出来る（資格要件のない）非独占業務の範疇ですが、通常は建築士が監理者として業務委託契約による監理業務の中で、工事監理及び工事監理に関する業務と一体に行っている標準的な内容です。

### B．四会連合協定建築設計・監理等業務委託契約書類の業務委託書による「その他の業務に関する基本業務」の内容

　四会約款における「その他の業務に関する基本業務」とは、「工事監理に関する基本業務と一体となって行われる、次に掲げるその他の業務に関する基本業務をいう」とされており、それらは以下のとおりです。

```
4 A201  請負代金内訳書の検討及び報告（告示第15号の「その他の標準
        業務」1に該当）
4 A202  工程表の検討及び報告（同上2に該当）
4 A203  設計図書等に定めのある施工計画の検討及び報告（同上3に該当）
4 A204  工事と工事請負契約との照合、確認、報告等（同上4に該当）
   1）工事と工事請負契約との照合、確認、報告
   2）工事請負契約に定められた指示、検査等
```

>   3）工事が設計図書等の内容に適合しない疑いがある場合の破壊検査
> 4 A205　工事請負契約の目的物の引渡しの立会い（同上5に該当）
> 4 A206　関係機関の検査の立会い等（同上6に該当）
> 4 A207　工事費支払いの審査（同上7に該当）
>   1）工事期間中の工事費支払い請求の審査
>   2）最終支払い請求の審査

　前記の業務は、告示第15号の「工事監理に関する標準業務」と一体に行っている標準業務である「その他の標準業務」の7項目にそのまま該当しています。また、ここでは4 A201～4 A203の業務における承認行為は、基本業務内容に含まれていません。

## 4-2　標準的な業務内容に含まれない追加的な監理業務の内容

　告示第15号の標準業務、四会約款の基本業務以外に、告示第15号（通知を含む）及び四会連合協定「建築設計・監理等業務委託契約書類」では、それぞれ「標準業務に付随する標準外の業務」と「オプション業務」[※1]として、標準、基本業務に含まれない監理業務、すなわち、契約の定めによって行うさまざまな追加的な業務が例示されています。以下にそれらの業務内容を引用します。

・《告示第15号別添四の引用》
**「工事監理に関する標準業務及びその他の標準業務に付随する標準外の業務」**
　工事監理受託契約に基づき、（告示）別添一第2項に掲げる工事監理に関する標準業務及びその他の標準業務に付随して実施される業務は、次に掲げるものとする。
一．住宅の品質の確保の促進等に関する法律第5条第1項に規定する住宅性能評価に係る業務
二．建築物の断熱性や快適性など建築物の環境性能の総合的な評価手法（建築物総合環境性能評価システム）等による評価に係る業務
三．建築主と工事施工者の工事請負契約の締結に関する協力に係る業務

・《通知Ⅱ-1・4-(2)-(ハ)[※2]の引用》
　標準業務に付随する標準外の業務については、(告示)別添四に掲げる業務内容のほか、成果図書以外の資料(別添一及び別添四に掲げるものを除く法令手続きのための資料、竣工図等)の作成、風洞実験等の実施、第三者への説明など、建築主から特に依頼された業務を標準業務に付随して行う場合には、標準業務人・時間数に当該業務に対応した業務人・時間数を付加することにより算定することとしています。

・《四会約款の監理のオプション業務参考例の抜粋・引用》
　—「オプション業務サンプル一覧表」より抜粋—
　四会約款では、告示第15号の標準業務内容には含まれない業務全般を、基本業務(A業務)に対してオプション業務(B業務)として一覧表示(オプション業務サンプル一覧表)しています。
　したがって、ここには告示第15号の標準業務に付随する業務もあわせて、一般的に標準業務内容には含まれていない(追加)と実務者が認識している標準外の追加的業務が「オプション業務」(選択肢)として例示されています。監理に関するオプション業務は以下のとおりです。〈抜粋〉

「4B　監理に関するオプション業務」
4B01
　住宅の品質の確保の促進等に関する法律第5条第1項に規定する住宅性能評価に係る業務(告示別添四2-一による)
4B02
　建築物の断熱性や快適性など建築物の環境性能の総合的な評価手法(建築物総合環境性能評価システム)等による評価に係る業務(告示別添四2-二による)
4B03
　委託者と工事施工者の工事請負契約の締結に関する協力に係る業務(告示別添四2-三による。以下に例示する業務等を含む)
　a．工事施工者選定についての助言
　b．見積要項書等の作成
　c．工事請負契約の準備への技術的事項についての助言

d．見積徴収事務への協力
　　　e．見積書内容の検討
　　　f．その他の委託者と工事施工者の工事請負契約の締結に関する協力に係わる業務
　4 B 04
　　風洞実験等の実施（通知Ⅱ-1・4-(2)-(ハ)による）
　4 B 05
　　第三者への説明（通知Ⅱ-1・4-(2)-(ハ)による。以下に例示する業務等を含む）
　　　a．金融機関等、委託者の関係者に対する説明への協力
　　　b．近隣住民、市民団体その他第三者への委託者の補助者としての技術的事項に係る説明及び協力
　　　c．委託者の特別の説明（外国語による説明等）への協力
　　　d．その他の第三者への説明に係わる業務
　4 B 06
　　完成図（竣工図）等の作成及び確認の業務
　（以下、「オプション業務サンプル一覧表」には「4 B17」までの例示があります）

　実際には、上記の業務も委託者側の要請に応じて、あるいは必要に応じて業務委託契約によって行う「監理業務」に、追加として含まれる可能性のある業務です。追加で履行する業務については、追加となる内容以外にも、成果物の有無、業務工期の延長、業務報酬の追加などの履行条件を（建築主などの委託者との合意の上で）監理業務委託契約書に特約として明記する必要があります。
　こうした追加業務による業務量の増大については、諸条件について合意した上で委託者に対し、告示第15号による実費加算方法による報酬算定の対象業務として、標準業務量に当該業務量を加算して、略算法によって合計の報酬を算定し、請求をすることができる場合があります。
　なお、四会約款に添付されている「オプション業務サンプル一覧表」は参考資料として、契約書類中ではなく別冊になっており、契約書にそのまま綴じ込むことは出来ません。ここに例示されている業務を取り出して、オプション（追加）業務として契約する場合は、この一覧表を参照するなどして、それぞ

れの業務や履行条件を委託者の了解の下に契約書（業務委託書）に特記する必要があります。前記以外にも「オプション業務サンプル一覧表」には、監理に関するオプション（追加的）業務、さらには、設計等の多岐にわたる追加的な業務が多く例示されていますので、建築士が実務として行う業務のサンプルとしても、参考にしてください。

　なお、本書は、建築の「監理業務」について、主に実務者等に向けて、基本的な事項を徹底解説するという趣旨のもとに構成していることから、工事監理、監理業務が、建築士法等の法令や契約、わが国の建築生産システムとのかかわりの中で、現状において抱える検討課題や今後のテーマには触れていません。

　こうした点については、たとえば、「建築士の業務－設計及び監理業務と告示第15号」（「公益社団法人日本建築士会連合会設計等業務調査検討部会」編著：大成出版社2012年10月）の中で、「論考－建築士及び建築士事務所業務の現状と今後に向けた検討課題」（京都大学大学院准教授：古阪秀三氏、広島大学大学院教授：平野吉信氏共同執筆）と題する章に詳しく論じられています。本書とはまた別な観点から、こうした論考も建築の「監理業務」の理解に向けて参考になると思われます。

　STEP 4の監理業務については以上です。次は〈STEP 5：（工事）監理者にとって必要な最小限の法的知識を学ぼう〉です。

### 基本事項の解説⑦　　(STEP 4の※注記)

〈「標準業務に付随する標準外の業務」と「オプション業務」〉とは[※1]

　告示第15号でいう「標準業務に付随する標準外の業務」とは、単独の業務というより、標準業務を履行する際に、その標準業務とともに行われる場合がある業務、という意味で付随するとされているものですが、こうした業務は個別性が強く、かならずしも常に付随して行われるわけではないことから、追加とされたものです。一方で四会約款の「オプション業務」は、基本業務内容及びその範囲に含まれないと考えられる追加的業務全般を指しており、この中には、告示第15号の「標準業務に付随する標準外の業務」もすべて含まれています。

**〈通知Ⅱ-1・4-(2)-(ハ)〉とは**[※2]

「Ⅱ-1建築士事務所の開設者がその業務に関して請求することのできる報酬の基準について」(国住指第3932号・平成21年1月7日国土交通省住宅局長)の「4直接人件費等に関する略算法による算定、(2)直接人件費の(ハ)標準業務内容に含まれない追加的な業務」のことを指します。

# Step 5 (工事)監理者にとって必要な最小限の法的知識を学ぼう
―監理と工事監理の契約責任と法的義務、権限等―

　法は、国家と国民との権利義務関係を規律するグループ（公法）と国民同士の権利義務関係を規律するグループ（私法）にわけられます。公法の典型例は憲法、刑法であり、私法の典型例は民法です。建築基準法、建築士法などは公法です。

　法的責任とは、法律上の不利益や制裁を負わせることをいい、民事責任と刑事責任がありますが、それに行政処分を加えることもあります。民事責任には主として契約責任と不法行為責任があります。刑事責任は一定の要件に該当する行為に対し刑罰を科すものです。行政法規に違反した場合には行政から処分を受けることもあります。

```
【法的責任】┬【民事責任】契約責任、不法行為責任
            ├【刑事責任】
            └【行政処分】
```

　建築設計や工事監理などの業務実施に先立ち、当事者間で契約が締結されます。いったん契約が成立すると、当事者には契約内容を守る法的義務が生じます。これに反する行為を行った場合、一般に、それがその者の帰責事由によるときは、相手方に生じた損害を賠償する責任が生じます。また、契約を解除することも可能です。契約内容は、原則として当事者間で自由に決められますが、設計や監理に関する標準的な契約書のモデルとして、「四会連合協定建築設計・監理等業務委託契約約款」が参考になります。建築設計や工事監理などに関する不法行為責任は、設計者や工事監理者が契約関係の有無に関わりなく、一般国民に対して負っている注意義務に違反した場合に生じる責任です。不法行為責任が成立すると、原則として金銭による賠償責任を負うことになります。

この STEP 5 では、主に以下の 3 つのポイントを中心に見ていきます。

> **Point**
> 1. 公法、私法と監理、工事監理との関わりを見る。
> 2. 契約とは何か、どうすれば成立するのか、成立するとどういう効力があるのか、その効力から逃れる方法はないのかについて見る。
> 3. 不法行為とは何か。工事監理者が他の一般国民に対して負う注意義務に関して、注目すべき最高裁判例を見る。

## 5-1 監理業務の法的責任の種類

### 1）公法と私法

　法は、一般に国家と国民との間の権利義務関係を規律するグループの法（これを「公法」という）と、国民同士の間の権利義務関係を規律するグループの法（これを「私法」という）にわけて考えることができます。

　公法の典型例は、憲法、刑法で、私法の典型例は、民法です。建築関係に大きな影響を与えている建築基準法、建築士法、建設業法は公法に属しています。また、これらの法律によって国民の行動が規制され、一定の行動を義務付けられていますが、それは国家に対する義務です。

### 2）公法上・私法上の法的責任

　一般的に法律上の不利益や制裁を負わされることを「法的責任」といい、多くの場合、民事責任と刑事責任にわけて考えられています。「民事責任」は、国民同士の関係で負う私法上の責任で、主として契約に関する責任（以下「契約責任」と呼びます）と不法行為責任があります。たとえば、設計業務や工事監理業務の契約を締結した場合、契約当事者は契約で定めた内容を守る義務を負い、その義務に違反した場合、一般的には、その者の帰責事由によるときは、相手方に生じた損害を賠償する責任を負います。また、不法行為責任は、業務を引き受けている、いないに関係なく、故意や過失によって他人の権利や利益を侵害した場合に、被害者に生じた損害を賠償する責任をいいます。

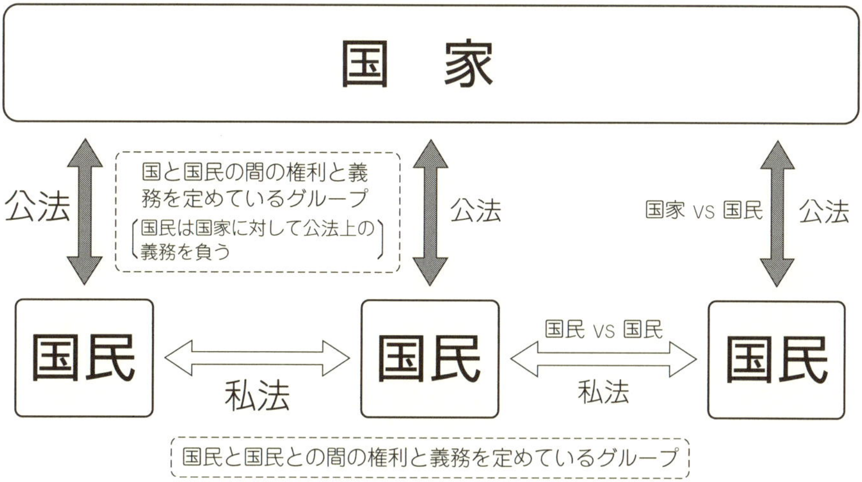

```
           国　家
   ↑↕↑                    ↑↕↑              ↑↕↑
   公法   国と国民の間の権利と義   公法      国家 vs 国民   公法
         務を定めているグループ
         (国民は国家に対して公法上の
          義務を負う)
                            国民 vs 国民
   国民 ←――――→ 国民 ←――――――→ 国民
          私法              私法

      国民と国民との間の権利と義務を定めているグループ
```

図5　公法と私法

　一方、「刑事責任」は、一定の要件に該当する事実を行った場合、国家によって刑罰が科されるという、公法上の責任です。

　また、民事責任や刑事責任以外にも行政法規に違反した場合、行政から不利益な処分を受けることがあります（ここではこの処分を「行政処分」と呼びます）。

　行政処分は、たとえば、建築士や建築士事務所開設者が建築士法に違反した場合に都道府県知事からなされる、免許の取消し、戒告、業務停止命令、事務所登録の取消し、事務所閉鎖命令などです（建築士法第9条、第10条、第26条など）。

　以上のことを、もう少し具体的に考えてみましょう。たとえば、設計者の過失が原因で建物利用者が怪我をしたというケースを想定してみます。この場合、設計者はどのような責任を負うかといえば、まず、民事責任としては、利用者に対して不法行為に基づく損害賠償責任（民法第709条[※1]）が考えられます。この賠償責任があるにもかかわらず支払わない場合には、被害者は訴訟で判決を得て、差押え等の強制執行手続により責任を追及することになります。一方、刑事責任としては、業務上過失致傷罪（刑法第211条[※2]）の成立が考えられ、もし成立すれば、5年以下の懲役か禁錮又は100万円以下の罰金が課せられま

す。
　さらに、過失の程度、内容により、建築士法に基づく業務停止・免許取消しなどの行政処分がなされる可能性もあります。
　このように、ひとつの行為に対し、さまざまな法的責任が生じることに十分留意する必要があります。

---

**基本事項の解説⑧**　（STEP 5-1の※注記）

〈民法第709条〉とは[※1]
　「故意又は過失によって他人の権利又は法律上保護される利益を侵害した者は、これによって生じた損害を賠償する責任を負う。」

〈刑法第211条〉とは[※2]
　刑法第211条「業務上必要な注意を怠り、よって人を死傷させた者は、5年以下の懲役若しくは禁錮又は100万円以下の罰金に処する。重大な過失により人を死傷させた者も、同様とする。」

---

## 5-2　契約責任

### 1）契約とは
　契約とは、正確には、複数の対立する意思表示（法律効果の発生を欲する内心を外部に発表する行為）がその内容において合致することをいいますが、あえて簡単な言い方をすれば「約束」です。契約とは、法的な意味での約束ともいえます。

### 2）契約の成立
　契約の成立に関しては、民法上、いくつかのルールがあります。
　契約が成立する時期は、原則として、約束したときです。
　また、約束は、文書で取り交わしていなくても、口頭でも構いません。また、たとえ口頭での明確な表示がなくても、契約を締結する意思があると認められるような事情が揃っていれば、契約の成立が認められることがあります（これを「黙示の合意」といいます）。ただ、契約書がないと、後日、約束した、し

ないの争いや約束した内容をめぐる争いが生じる可能性が大きくなるため、出来る限り文書化しておくべきです。
　なお、契約の内容は、原則として当事者間で自由に決められます。（契約自由の原則）

### 3）契約の成立と建築士法
　民法上の契約成立のルールは、前記2）のとおりですが、設計や工事監理に関する契約には建築士法による規制があることに注意が必要です。
　第1に、契約が成立する「前」に、建築士事務所の開設者（法人又は個人）は、建築主に対し、その事務所に所属する建築士をして、重要事項を記載した書面を交付して説明させる義務があります（建築士法第24条の7）。
　第2に、契約が成立した「後」に、遅滞なく建築士事務所の開設者（法人又は個人）は、一定事項を記載した文書を委託者に交付する義務があります（建築士法第24条の8）。
　そして、これらの義務に違反すると、都道府県知事は、その建築士事務所の開設者に対し、戒告、1年以内の事務所閉鎖命令又は事務所登録の取消しができることになっています（建築士法第26条第2項第3号[※1]）。
　したがって、契約を締結する場合、民法だけでなく、建築士法まで考慮する必要があります。

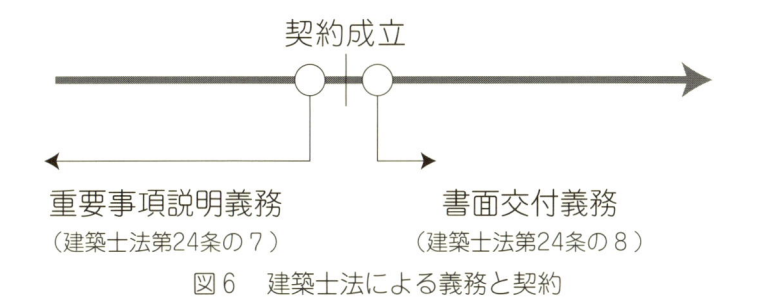

図6　建築士法による義務と契約

### 4）契約の効力
　いったん契約が成立すると、当事者には、契約内容を守る法的義務が生じ、

勝手に破棄することはできなくなります。もし契約に反する行為を行った場合、一般に、それが故意や過失などその者の帰責事由によるときは、相手方に生じた損害を賠償する責任が生じるほか、契約を解除できます。

　また、契約の法的拘束力から逃れる方法としては、契約の解除があります。当事者同士の新たな合意（契約をなかったことにする）か、契約において予め契約を解除できるケースを決めておいた場合のほか、前記でも少し紹介したケースでの契約解除、すなわち、履行期限を過ぎても履行せず、かつ相当期間を定めた催告にもかかわらず履行せず、それが債務者の責めに帰すべき事由によるなど法律上一定の事由が生じた場合にも契約解除ができることになっています。

### 5）契約責任と約款

　契約責任は、契約に基づく責任ですので、設計契約や監理契約を締結した場合、当事者間で合意した具体的な業務の内容が責任の有無を決する上で重要な判断基準になります。

　しかし、各プロジェクトごとに、当事者間で業務の具体的内容を決めていくことはそうたやすいことではありません。そこで、四会連合協定建築設計・監理等業務委託契約約款を中心とする一連の契約書式を利用することが便利です。

---

**基本事項の解説⑨**　　〈STEP 5-2 の※注記〉

〈建築士法第26条第2項第3号〉とは[※1]

（建築士法第26条第2項）
　都道府県知事は、建築士事務所につき、次の各号のいずれかに該当する事実がある場合においては、当該建築士事務所の開設者に対し、戒告し、若しくは1年以内の期間を定めて当該建築士事務所の閉鎖を命じ、又は当該建築士事務所の登録を取り消すことができる。

（同条同項第3号）
　建築士事務所の開設者が第24条の2から第24条の8までの規定のいずれかに違反したとき。

## 5-3　工事監理・監理の契約上の注意義務

　工事監理が民法上の契約類型のうち、準委任契約にあてはまることについては、ほぼ争いがありません。したがって、工事監理者は、契約の本旨に従い、善良な管理者の注意をもって事務を処理する義務を負い（民法第644条）、この注意義務に違反した場合、工事監理者は自らの責めに帰すことのできない事由によるものであることを証明できないと、その違反により生じた建築主の損害を賠償する義務を負います（民法第415条）。

　工事監理者の善管注意義務は、工事監理者個人の注意能力とは無関係に、およそ工事監理者という立場、地位、すなわち工事監理に必要な技術能力を備えている者として一般に要求される注意義務と考えられます。

## 5-4　四会連合協定建築設計・監理等業務委託契約約款

### 1）四会連合協定建築設計・監理等業務委託契約約款の制定・改定

　四会連合協定建築設計・監理等業務委託契約約款（以下「四会約款」といいます）は、公益社団法人日本建築士会連合会、一般社団法人日本建築士事務所協会連合会、公益社団法人日本建築家協会、一般社団法人日本建設業連合会（旧社団法人建築業協会）の4団体によって平成11年10月に制定され、その後、何度か改定されたものです。同四会約款は、契約書、業務委託書などで構成される一連の契約書式[※1]の中核をなす存在です。

　契約書には、契約当事者名、工事場所、業務期間、業務報酬額、支払方法などの必要事項を記入し、記名、押印することによって契約の成立が明確になります。

　また、契約書に記名・押印することで、自動的に約款と業務委託書の内容が契約内容になりますので、約款と業務委託書の内容をよく理解しておく必要があります。以下、ごく簡単に概要を説明します。

### 2）四会約款の概要

　約款が対象とする業務は、建築の「設計業務」と「監理業務」だけでなく、

「調査・企画業務」も含んでいます。また、「設計」・「監理」・「調査・企画」の3つの業務のうち、設計のみ、監理のみ、調査・企画のみ、設計と監理、設計と調査・企画の5種類に対応できるようにしています。

　内容としては、全部で29条から成り立ち、業務を進める上で必要なルールを定めていますが、上記の種類によっては適用しない条項もあります（その条項は契約書に明記されています）。

　各条項は、設計業務委託契約、監理業務委託契約、調査・企画業務委託契約のすべてが基本的に民法上の準委任契約に該当するものであることを前提にしつつ、できるだけ契約当事者間の公平が保たれること、かつ実務上の必要性も考慮した条項になっています。

**3）業務委託書の概要**

　業務委託書は、何をどこまでやるのかといった各業務の具体的内容そのものを決定し、対価としての業務報酬や責任範囲にも関係しますので、業務委託書の内容は、極めて重要な意義を有します。

　業務委託書では、業務を「基本業務」と「オプション業務」にわけ、「基本業務」は特に手を加えない限りそのまま契約の内容になりますが、「オプション業務」は特に追記した場合に限り契約の内容になります。

　なお、「基本業務」は、国土交通省告示第15号に示される「標準業務」とほぼ同一ですが、全く同一というわけではありません。

---

**基本事項の解説⑩**　　（STEP 5-3の※注記）

**〈一連の契約書式〉とは**[※1]

　この契約書式には、委託の形態によって「建築設計・監理」一括の書式と「監理業務」のみの2種類の契約書が準備されています。一方でこれに添付される「契約約款」は1種類で、契約形態によって条項を取捨選択するようになっています。これらに「業務委託書」（契約によって行う業務の内容を示したもの。基本業務は印刷されている）をあわせた3点セットで契約書類一式となりますが、たとえば追加業務がある場合には、前述のごとくオプション業務一覧表などを参照して、追加となる業務を契約書や業務委託書に追記することになります。

契約約款については、「四会連合協定建築設計・監理等業務委託契約約款の解説」（大森文彦・天野禎蔵・後藤伸一：大成出版社）に詳しい解説がなされていますので、参考にしてください。

## 5-5 不法行為責任

### 1）不法行為とは

民法は、あらゆる国民に、他の国民の生命、身体及び財産を侵害しないように注意する義務を課し、この義務に違反し、そのために他人に損害が生じた場合、これを賠償する責任を負うというルールを採用しています。これを「不法行為」といいます。

不法行為の典型例が民法第709条です。同条では、「故意又は過失によって他人の権利又は法律上保護される利益を侵害した者は、これによって生じた損害を賠償する責任を負う。」と定めています。つまり、①故意又は過失ある行為　②損害の発生　③故意又は過失ある行為と損害との間の因果関係　④行為が全体として違法と評価されること（他人の権利又は法律上保護される利益の侵害）という要件を備えることによって、不法行為が成立します（この他に「責任能力」という要件もありますが、ここでは省略します）。

不法行為においては、故意又は過失があって、はじめて責任を負うという「過失責任の原則」を採用しています。「過失」は、おおよそのところ「予見可能性を前提とする結果回避義務違反」を意味します。なお、加害者の過失は、被害者が立証しなければなりません。

不法行為が成立すると、加害者は、被害者に対し、原則として、損害賠償責任、すなわち金銭賠償責任を負います。

### 2）不法行為責任と建築士法

設計者や監理者の不法行為責任は、設計者や監理者が一般国民（契約関係にある、ないを問いません）に対して負っている注意義務に違反した場合に生じる責任です。では、設計者や監理者は、一般国民に対し、どのような注意義務を負っているのでしょうか。

この点、最高裁第二小法廷判決（平成19年7月6日）及び第一小法廷判決（平成23年7月21日）は、以下のように述べています。

■〈最判平成19年7月6日　第二小法廷判決〉

　建物の建築に携わる設計者、施工者及び工事監理者（以下、併せて「設計・施工者等」という。）は、建物の建築に当たり、契約関係にない居住者等に対する関係でも、当該建物に建物としての基本的な安全性が欠けることがないように配慮すべき注意義務を負うと解するのが相当である。そして、設計・施工者等がこの義務を怠ったために建築された建物に建物としての基本的な安全性を損なう瑕疵があり、それにより居住者等の生命、身体又は財産が侵害された場合には、設計・施工者等は、不法行為の成立を主張する者が上記瑕疵の存在を知りながらこれを前提として当該建物を買い受けていたなど特段の事情がない限り、これによって生じた損害について不法行為による賠償責任を負うというべきである。

■〈最判平成23年7月21日　第一小法廷判決〉

　第1次上告審判決にいう「建物としての基本的な安全性を損なう瑕疵」とは、居住者等の生命、身体又は財産を危険にさらすような瑕疵をいい、建物の瑕疵が、居住者等の生命、身体又は財産に対する現実的な危険をもたらしている場合に限らず、当該瑕疵の性質に鑑み、これを放置するといずれは居住者等の生命、身体又は財産に対する危険が現実化することになる場合には、当該瑕疵は、建物としての基本的な安全性を損なう瑕疵に該当すると解するのが相当である。
　当該瑕疵を放置した場合に、鉄筋の腐食、劣化、コンクリートの耐力低下等を引き起こし、ひいては建物の全部又は一部の倒壊等に至る建物の構造耐力に関わる瑕疵はもとより、建物の構造耐力に関わらない瑕疵であっても、これを放置した場合に、例えば、外壁が剥落して通行人の上に落下したり、開口部、ベランダ、階段等の瑕疵により建物の利用者が転落したりするなどして人身被害につながる危険があるときや、漏水、有害物質の発生等により建物の利用者の健康や財産が損なわれる危険があるときには、建物としての基本的な安全性を損なう瑕疵に該当するが、建物の美観や居住者の居住環境の快適さを損なうにとどまる瑕疵は、これに該当しないものというべきである。
　建物の所有者は、自らが取得した建物に建物としての基本的な安全性を

> 損なう瑕疵がある場合には、第1次上告審判決にいう特段の事情がない限り、設計・施工者等に対し、当該瑕疵の修補費用相当額の損害賠償を請求することができるものと解され、上記所有者が、当該建物を第三者に売却するなどして、その所有権を失った場合であっても、その際、修補費用相当額の補填を受けたなど特段の事情がない限り、一旦取得した損害賠償請求権を当然に失うものではない。

ところで、すでに述べたように、監理者の業務は、建築士法に定められている工事監理者としての業務とその他の業務に区別できます。しかし、「その他の監理業務」は契約で特別に付加される業務ですので、契約で付加されない限り義務は生じません。すなわち、契約で付加されないため「その他の監理業務」を行わなかった場合、「その他の監理業務」を行わなかったために、他の国民の安全性が損なわれたとしても、監理者には、原則として注意義務違反はありません。

したがって、監理者が他の国民に対して負う注意義務は、工事監理としての業務及び契約で特別に付加されるその他の監理業務において、建物としての基本的な安全性が損なわれることがないように注意する義務といえます。

なお、監理者の注意義務に関しては、詳しくは「新・建築家の法律学入門」（大森文彦著：大成出版社）を参照してください。

## 5-6 監理者と工事監理者の権限

### 1）監理者の権限

監理者の業務内容は、工事監理を除き、契約で自由に決めることができます。したがって、監理者の権限についても、建築主との間で自由に取り決めることができます。

ただ、施工者に対する権限については、建築主との間で決めるだけでは、その内容によっては、施工者に不測の損害を与えかねないため、建築主と施工者との間の工事請負契約においても決めてもらう必要があります。

## 2）工事監理者の権限

　工事監理者の業務内容は、工事と設計図書の照合・確認です。では、設計図書との照合、確認につき、工事監理者は裁量が定められているのでしょうか。基本的には、確認ですから裁量はありません。このことは、設計図書の記載内容が明瞭で誰が見ても同じ形状、性質になる場合を考えれば明らかです。しかし、内容が抽象的な場合には、若干問題があります。このような場合、本来、設計者と工事監理者が別人であれば設計者に確認すべきです。しかし、すべてについて設計者にいちいち確認することは、実務上困難であり、現実的ではありません。このような場合、設計図書の記載内容が抽象的で（抽象度については、一定の限度があります）読み手によって形状、性質に差異がでる可能性があるときは、設計自体、当該差異が出ることを許容していると考えるべきではないでしょうか。そうだとすれば、設計図書の記載内容が抽象的である場合、その理解については、ある幅の中で工事監理者の裁量が認められると考える余地がない訳ではありませんが、最終的には、裁判所の判断に委ねられるため工事監理者にとってはかなりリスキーです。したがって、基本的には、建築主を通じて設計者に設計内容を確認することをお勧めします。

　なお、工事監理者は、建築士法上、工事が設計図書のとおりに実施されていないことが判明した場合には、施工者に対して、設計図書のとおりに実施するよう求める権限が与えられていますので、工事監理契約上も同様の権限が与えられていると考えられます。

　STEP 5 の「(工事)監理者にとって必要な最小限の法的知識を学ぼう―監理と工事監理の契約責任と法的義務、権限等―」については以上です。次はSTEP 6〈(工事)監理者が知っておくべき手続き、しくみを学ぼう―工事監理の規制等―〉です。

# Step 6 （工事）監理者が知っておくべき手続き、しくみを学ぼう
## ―工事監理の規制等―

　建築士法は建築士の試験・登録等の制度を定めています。また、建築士の業務独占、建築士事務所登録など建築士が業を営む場合の措置、建築士の処分なども定めています。建築士法では、工事監理を設計とともに建築士の独占業務とし、工事監理者に対し工事監理報告書を提出することなどを義務付けています。

　建築基準法は建築物の最低基準を定め、建築物がその基準に適合することを求めています。また、建築主の申請に基づき、建築主事や指定確認検査機関が建築計画や工事の状況（中間段階、完了段階）が基準に適合していることを確認、検査する手続き等を定めています。建築基準法では、一定の建築物の工事監理について、建築主に工事監理者を定めることを義務付け、これに違反する建築工事は行うことが禁止されています。

　また、建築士法に基づき設計や工事監理を行った場合の報酬に関し業務報酬基準(注)が定められています。業務報酬基準中で、標準的な内容の業務を実施した場合の標準的な業務量が略算方法として定められています。監理、工事監理に関しては、「工事監理に関する標準業務」、「その他の標準業務」（これは、工事監理を除いた監理業務に該当します）が参考になります。

　なお、近年、不適切な工事監理等に関し建築士が行政処分される事例が散見されます。これらについては国土交通省ＨＰが参考になります。

(注) 建築士事務所の開設者がその業務に関して請求することのできる報酬の基準（平成21年国土交通省告示第15号）

このSTEP6では、主に以下の4つのポイントを中心に見ていきます。

> **Point**
> 1．建築士法、建築基準法、建設業法はどういった法律か、その概要を見る。
> 2．工事監理を中心に、これら3つの法律が建築物の質や性能を確保するためにどういった手続き、しくみを用意しているのかについて見る。
> 3．建築士法に基づく建築士の処分のしくみは、どういったものか、また工事監理に関する処分の事例として、どのようなものがあるのかを見る。
> 4．設計・工事監理等の業務に関する業務報酬基準とは、どのようなものかについて見る。

　建築に携わる方々にとって最も馴染みがある法律として、建築基準法や建築士法、建設業法があげられます。これら3つの法律は、建築生産プロセスの中核をなす設計、工事監理、工事施工等についてさまざまなルールを定め、建築物の質や性能の確保に重要な役割を果たしています。

　建築基準法は、建築物の最低基準を定め、設計内容や工事内容を規制しています。いわば「モノ」に対する規制です。建築士法は、設計や工事監理に従事する技術者の資格制度（建築士制度）を定めています。いわば「ヒト」に対する規制です。また、これらの「ヒト」・「モノ」に対する規制の実効性を担保するため、建築基準法において建築確認や中間検査、完了検査などの手続きが定められています。これらの手続きを通じて、建築物の設計内容や工事内容の適法性や建築士の関与についてチェックするしくみとなっています。

　また、建設業法は実際に工事施工を行う建設業者についてさまざまなルールを定めています。

## 6-1 建築士法

### 1）建築士法の概要

　建築士法は、「建築物の設計、工事監理等を行う技術者の資格を定めて、その業務の適正をはかり、もって建築物の質の向上に寄与させること」を目的としています（建築士法第1条）。ここでいう技術者の資格が建築士になります。

　建築士法では、①建築士の業務独占（第1章：総則）、建築士試験や建築士の免許・登録のしくみ（第2章：免許等）、建築士試験（第3章：試験）などの資格者制度（すなわち建築士制度）のしくみ、②建築士が設計・工事監理等を行う際の建築士事務所登録などの営業を行う場合の規制（第6章：建築士事務所）、③建築士制度の実効性を担保するための処分・罰則（第2章：免許等、第10章：罰則）などを定めています。

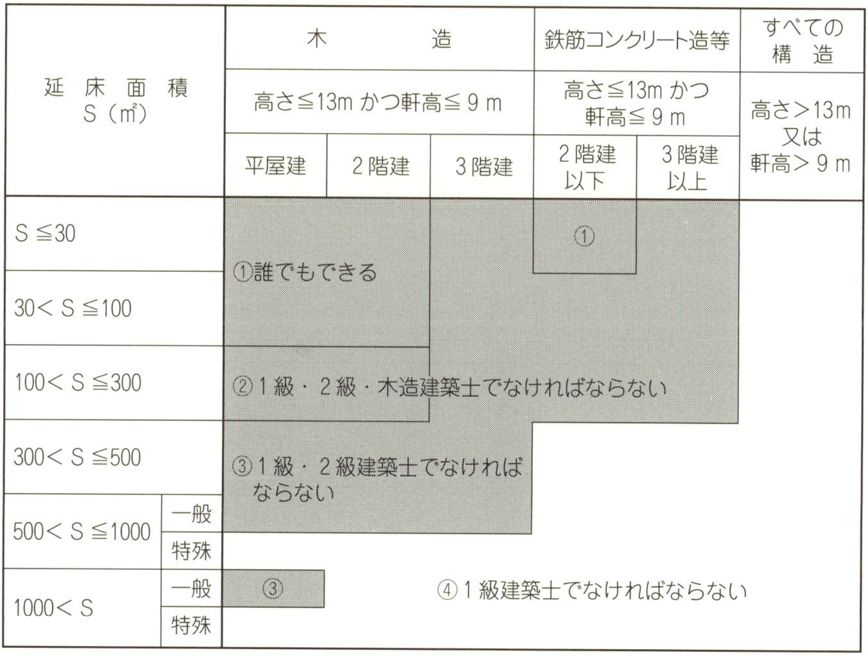

| 延床面積 S（㎡） | | 木造 高さ≦13m かつ軒高≦9m 平屋建 | 木造 高さ≦13m かつ軒高≦9m 2階建 | 木造 高さ≦13m かつ軒高≦9m 3階建 | 鉄筋コンクリート造等 高さ≦13m かつ軒高≦9m 2階建以下 | 鉄筋コンクリート造等 高さ≦13m かつ軒高≦9m 3階建以上 | すべての構造 高さ>13m 又は軒高>9m |
|---|---|---|---|---|---|---|---|
| S≦30 | | ①誰でもできる | | | ① | ②1級・2級・木造建築士でなければならない | ④1級建築士でなければならない |
| 30<S≦100 | | | | | | | |
| 100<S≦300 | | | | ②1級・2級・木造建築士でなければならない | | | |
| 300<S≦500 | | | | ③1級・2級建築士でなければならない | | | |
| 500<S≦1000 | 一般 | | | | | | |
| | 特殊 | | | | | | |
| 1000<S | 一般 | ③ | | | | | |
| | 特殊 | | | | | | |

※特殊とは、学校、病院、劇場、映画館、観覧場、公会堂、オーデイトリアムを有する集会場、百貨店

図7　建築士の業務範囲

わが国の建築士制度は、建築の計画・意匠（デザイン）に特化している西欧のアーキテクト制度（いわゆる「建築家」のしくみ）とは異なり、構造分野の技術、設備分野の技術も含めた建築全般に関する技術者を確保、養成するための制度として構成されているところが特徴的といわれています。

　なお、戦災復興期から高度経済成長期等を通じて、設計・工事監理はもとより建築工事の監督等を行う技術者（本書でとりあげる監理業務を行う技術者と概ね同じと考えられます）として、相当数の建築士が建築生産の現場に従事してきました。このことから、建築士制度は、わが国の建築生産の現場における建築物の質や性能の確保に大きな役割を果たしたといわれています。

### 2）建築士の業務独占

　建築士法では、一定の知識、技能を有する資格者（建築士）に、建築物の設計及び工事監理についての業務独占を与えています。

　業務独占とは国民の権利や生命、財産等の安全の確保等を図るため、特定の専門的な業務について、資格者のみが独占的、排他的に当該業務を行うことが出来るというものです。当該資格者は、法律により規制を受けるとともにその権限が保護されています。医療業務における医師、訴訟業務における弁護士や司法書士、不動産の取引業務における宅地建物取引主任者などが、建築設計・工事監理業務における建築士と同様に業務独占資格者に該当します。

　建築士の業務独占は、「規模、用途等で区分された一定の建築物の設計、工事監理については、建築士でなければ行えない」とするもので、建築士制度の根幹をなすものです（建築士法第3条～第3条の3）。

　ところで、業務独占資格とする以上、どういった業務が建築士に独占されているのかを明確にしなければなりません。なぜならば、建築士資格を持たない者（無資格者）がその業務を行った場合には、罰則を適用するなど何らかのペナルティを与えなければならないからです。

　そこで、設計、工事監理について明確に定義を行う必要が生じます。

### 3）設計・工事監理の定義

　建築士法では、設計・工事監理業務の拠り所となる「設計図書」を定義し、

これをもとに「設計」、「工事監理」を定義しています。

　具体的には、「設計図書」を「建築物の建築工事の実施のために必要な図面（原寸図その他これに類するものを除く。）及び仕様書」と定義し、「設計」とは「その者の責任において設計図書を作成すること」、「工事監理」とは「その者の責任において工事を設計図書と照合し、それが設計図書のとおりに実施されているかいないかを確認すること」と定義しています（建築士法第2条第5項〜第7項）。

　ここで注意していただきたいことがあります。それは、建築士法で定義したことにより設計や工事監理の業務が発生するのではなく、現実に行われている業務の中から典型的かつ重要なものが抽出され、設計、工事監理として定義されていることです。すなわち、建築士法で定義し、建築士の独占業務とされる「設計」・「工事監理」よりも実際の設計業務や監理業務として行われる業務の方が、広い概念であるということです。

　一般に行われている設計業務といえば、建築主との打ち合わせに始まり、設計条件等の整理、関係機関との打合せ、ラフスケッチ、基本設計図書の作成、実施設計図書の作成、概算工事費の検討など多岐にわたるものとなります。一方で、建築士法では「設計」は「その者の責任において設計図書を作成すること」のみをいいます。これは一般的な設計の概念、たとえば広辞苑では「ある目的を具体化する作業。製作・工事などに当り、工費・敷地・材料および構造上の諸点などの計画を立て図面その他の方式で明示すること」とされていますが、こうした概念とも完全に一致するものではありません。

　また、監理業務も同様に、設計図書の内容把握に始まり、施工図等の検討、工事材料・設備機器等の検討、工事と設計図書との照合・確認、工事監理報告書の作成・提出など多岐にわたるものとなります。一方で、建築士法では「工事監理」は「その者の責任において工事を設計図書と照合し、それが設計図書のとおりに実施されているかいないかを確認すること」のみをいいます。要するに、建築士が工事施工段階で監理業務として一般的に行っているさまざまな業務のうち、「設計図書との照合、確認」を建築士の独占業務として抜き出し、工事監理と定義していると考えることができます。

　こうした差異が生じるのは、建築士法ではあくまでも、独占業務として建築

士のみに委ねられるべき部分の設計、工事監理に限って定義をしているためと考えることができます。

### 4）建築士事務所登録等

　建築士法には2つの側面があるといわれています。ひとつは、一定の知識、技能を有する資格者である建築士について、試験制度や免許の登録制度等を定め、業務独占を定める「資格者の法律」という面です。もうひとつは、建築士が設計・工事監理等の業務を行うに際し建築士事務所登録を義務付け、建築士事務所を通じて建築士の業務の適正化を図る「業の法律」という面です。

　建築士は、業務独占とされた設計、工事監理以外にも、建築工事契約に関する事務、建築工事の指導監督、建築物に関する調査又は鑑定、建築物の建築に関する法令又は条例の規定に基づく手続の代理その他の業務を行うことができるとされています（建築士法第21条）。

　建築士法では、設計、工事監理とこれらの業務（建築工事契約に関する事務、建築工事の指導監督、建築物に関する調査又は鑑定、建築物の建築に関する法令又は条例の規定に基づく手続きの代理）を、他人の求めに応じ報酬を得て、すなわち業務として行う場合に、建築士事務所を定めて、都道府県知事の登録を受けなければならないとしています（建築士法第23条）。

　登録を行った建築士事務所は、登録した都道府県知事に対し定期的に業務報告書を提出することや、帳簿や設計図書等を保存し事務所に備え置くことが義務付けられています（建築士法第23条の6、第24条の4）。また、必要に応じて、都道府県知事の立入り検査を受けたり、問題が生じたりする場合には監督処分を受ける可能性もあります（建築士法第26条、第26条の2）。

　こうした業に対する規制は、後述する建設業者（建設業法）のほか、不動産業者（宅地建物取引業法）、銀行（銀行法）、信託会社（信託業法）、保険会社（保険業法）など、さまざまな業で見られるものであり、これらの業態においても、営業に対する登録や許可制度、業に対する規制などを通じて、それぞれの業務の適正化が図られています。

## 5）工事監理と建築士法

　建築士法においては、工事監理は設計とともに建築士の最も基本的な業務と捉え、これらの業務を中心に建築士制度は構築されています。

　工事監理は、2）、3）で述べたように、建築士法において定義され、設計とともに建築士の独占業務とされています。すなわち、小規模な建築物を除き、建築士でなければ工事監理を行えません（建築士法第2条第7項、第3条〜3条の3）。また、工事監理業務を行う場合は、4）で述べたように、建築士事務所登録が必要となります（建築士法第23条）。

　建築主の依頼を受け、工事監理業務契約を締結することになりますが、一般的には、工事監理業務のみならず、監理業務と一体的に契約を締結することになります。なお、こうした契約は、当事者（建築主と建築士事務所（の開設者））の合意さえあれば成立しますが、後日の紛争を予防するために、契約書を作成しておくことが望ましいと考えられます。

　民法上、工事監理契約は、原則として、その内容も自由に決めることが出来ます。しかしながら、工事監理の一部を省略する（すなわち、工事監理の一部を全く行わない）など、建築士法の規定に反するような契約を行い業務を実施した場合、建築士法によるペナルティが科せられる可能性があります。

　また、工事監理契約を締結した場合、明示的な約定の有無に関わらず、以下の2つの業務を行うことが建築士法に定められています。
① 工事監理者は工事が設計図書のとおりに実施されていないと認めるときは、直ちに工事施工者に対して、その旨を指摘し、工事を設計図書のとおり実施するように求め、工事施工者がこれに従わないときは、その旨を建築主に報告しなければなりません（建築士法第18条第3項）。
② 工事監理を終了したときは、直ちに、その結果を文書で建築主に報告しなければなりません（建築士法第20条第3項）。

　なお、工事監理契約をする際には、建築士法において、以下の2つの手続きが定められていますので、注意が必要です。
① 建築士事務所の開設者は、工事監理契約を締結しようとするときは、あらかじめ建築主に対し、所属する建築士をして、工事と設計図書との照合の方

法、工事監理に従事することとなる建築士の氏名等、報酬の額、支払い時期、契約の解除に関する事項など重要な事項を記載した書面を交付して説明させなければなりません。この場合、説明する建築士は建築主に対して、建築士免許証を提示する必要があります（建築士法第24条の7、いわゆる「重要事項説明」）。

② 建築士事務所の開設者は、工事監理契約を締結したときは、遅滞なく、上記重要事項を含む一定の事項を記載した書面を当該建築主に交付しなければなりません（建築士法第24条の8、いわゆる「書面の交付」）。

契約は、建築主と建築士事務所の開設者との間で締結されることから、契約書のみでは、その建築士事務所に所属する建築士のうち誰が工事監理者となるのかが明らかでないケースもありますが、建築士法に基づくこれらの手続きの中で、具体的に工事監理に従事することとなる建築士（工事監理者）が建築主に示されることになります。

### 6）建築士法のその他の規定

建築士法では、このほか、

- ・建築士免許に関すること（第2章）
- ・建築士試験に関すること（第3章）
- ・建築士会及び建築士会連合会に関すること（第5章）
- ・建築士事務所協会及び建築士事務所協会連合会に関すること（第7章）
- ・建築士審査会に関すること（第8章）
- ・罰則に関すること（第10章）

などが定められています。

## 6-2 建築基準法

### 1）建築基準法の概要

建築基準法は、「建築物の敷地、構造、設備及び用途に関する最低の基準を定めて、国民の生命、健康及び財産の保護を図り、もって公共の福祉の増進に資すること」を目的としています（建築基準法第1条）。

建築基準法では、①建築物がその敷地、構造、設備及び用途に関する基準に適合することを求め、②基準適合を担保するため、建築主の申請に基づき、建築主事や指定確認検査機関が、建築計画や工事の状況（工事の途中段階、工事完了時）が当該基準に適合していることを確認、検査する手続きなどを定めています。

## 2）建築基準法における建築規制

　建築基準法に定める最低基準は、それぞれの建築物の地震、火災等に対する安全性等を確保する観点から定められている、いわゆる「単体規定」と、原則として都市計画区域内における用途、接道、容積、高さ、日影などについて制限を定めている、いわゆる「集団規定」に大別されます。

　単体規定に関しては、各地方の気候風土などの特殊性などに応じ、地方公共団体の条例により建築制限を附加できるなど、地域の実情を踏まえた柔軟な対応が可能となっています。また、集団規定に関しては、都市計画地域内において適用されるものであり、地方公共団体が都市計画において用途地域、容積率、建ぺい率等を定めているものです（第2章：建築物の敷地、構造及び建築設備（単体規定）、第3章：都市計画区域等にける建築物の敷地、構造、建築設備及び用途（集団規定））。

　また、建築基準法に基づく手続きとして、建築主は、建築工事の着手前に当該建築物の計画が建築基準関係規定に適合していることについて確認を受け、工事完了時（必要に応じ工事の途中段階）に建築物やその敷地が建築基準関係規定に適合していることの検査を受ける必要があります。これらの確認や検査については、行政庁における建築主事のほか、指定確認検査機関が行うこととなっています。

　このほか、建物完成後（利用段階）の適法性を確保するため、建築物の所有者等（管理者、占有者も含む）に維持保全の努力義務を課すほか、特殊建築物等については、定期的に資格者による調査報告をさせることを義務付けています。

### 3）工事監理と建築基準法

　建築基準法では、工事監理者を「建築士法第2条第7項に規定する工事監理をする者」とし（建築基準法第2条第11号）、工事監理者に関する規制を定めています。

　建築士の業務独占の範囲に対応した一定の建築物について、建築主に工事監理者を定めることを義務付け、これに違反する場合の建築工事を禁止しています（建築基準法第5条の4第4項、第5項）。なお、これらの建築物の設計を建築士が行っていない場合についても、建築工事を行うことができないとしています（建築基準法第5条の4第1項）。

　これらを建築確認申請の受理要件のひとつとすることで、建築士の業務独占を建築基準法の手続きの中でチェックするしくみとしています（建築基準法第6条）。また、これらのほか、確認申請書、検査申請書等に設計者・工事監理者名等を記載することを求めています。

　これらの建築基準法の規定によって、建築士法に規定された建築士による設計・工事監理業務の実施が実質的に担保されています。このように建築基準法と建築士法は、一体となって、建築物の安全性等の質の確保をはかるしくみを構築しています。

### 4）建築基準法のその他の規定

　建築基準法では、これらのほか、

- 建築物の敷地、構造、建築設備に関すること（第2章、いわゆる「単体規定」）
- 都市計画区域等における建築物の規制に関すること（第3章、いわゆる「集団規定」）
- 建築協定に関すること（第4章）
- 指定確認検査機関などに関すること（第4章の2）
- 建築審査会に関すること（第5章）
- 罰則（第7章）

などが定められています。

## 6-3　建設業法

### 1）建設業法の概要

　建設業法は、「建設工事の適正な施工を確保し、発注者を保護するとともに、建設業の健全な発達を促進し、もって公共の福祉の増進に寄与すること」を目的としています（建設業法第1条）。

　建設業法では、建設業者に対する許可制度を設け、施工能力、信用力の乏しい建設業者の参入を抑制するとともに、請負契約の適正化、建設工事の施工技術の確保等の措置を講じています。

### 2）建設業許可制度

　建設業法では、建設業とは、元請・下請、個人・法人を問わず、建設工事を請け負う営業をいい（建設業法第2条第2項）、建設業を営む場合は、原則として、国土交通大臣又は都道府県知事の許可を受けなければなりません（建設業法第3条第1項）。小規模工事のみを請け負う場合は、例外的に許可が不要となっています。

　建設業を営業するエリア（範囲）によって許可権者が異なります。すなわち、2以上の都道府県の区域内に営業所を設ける場合は国土交通大臣の許可が必要となり、ひとつの都道府県の区域内のみに営業所を設ける場合は当該都道府県知事の許可が必要となります。また、許可にあたっては、建設工事を28種類にわけ[※1]、工事の種類ごとにそれぞれ建設業許可が必要とされるほか、一般建設業（工事のすべてを自ら行う又は一定の金額以下の下請け契約を締結する建設業）と特定建設業（一定金額以上の下請け契約を締結する建設業）に区分されます（建設業法第3条第1項、第2項）。

　建設業許可の要件としては、経営業務の管理責任者や営業所ごとの専任技術者（建設工事の施工に関する一定の資格又は経験を有する技術者）の必置、請負契約の履行のための財産的基礎などが求められています（建設業法第7条ほか）。

## 3）建設工事の請負契約

　建設業法では、建設業者の過当競争を抑止し、下請け業者を保護する観点から、契約時に一定の内容を書面に記載し相互に交付することを義務付ける（建設業法第19条第1項）などにより建設工事の請負契約の適正化を図るとともに、不当に低い請負代金（いわゆるダンピング）や不当な使用資材等の購入強制（発注者が取引上の地位を不当に利用して、不当な使用資材の購入を請負人に強制すること）、一定の場合の一括下請負（いわゆる丸投げ）などについて禁止しています（建設業法第19条の3、第19条の4、第22条）。

　また、建設工事の請負契約に関する紛争（欠陥工事や代金未払いのトラブルなど）について、あっせん、調整、仲裁を行う機関として、国及び都道府県に建設工事紛争審査会を設け、建設工事の請負契約の適正化の実効性を担保しています（建設業法第25条ほか）。

## 4）建設工事の施工技術の確保

　建設業者は、発注者や設計者の意図を設計図書から読み取り、実際の工事の施工に反映させる十分な能力を有していることが期待されています。このことは、工事監理業務を行う大前提と考えられます。いくら工事監理者が適切な工事監理を行ったとしても、工事施工者の力量が不十分では建築物の質の確保は困難となります。

　建設業法では、建設工事の適正な施工の確保を図る観点から、建設業者の許可要件として営業所ごとの選任の技術者の設置を義務付けるとともに、建設工事を施工する工事現場にも主任技術者や監理技術者といった技術者を置くことを義務付けています（建設業法第26条、第27条）。

### 基本事項の解説⑪　　（STEP 6-3の※注記）

**〈建設業許可の建設工事の区分〉とは**[※1]

　土木工事業、建築工事業、大工工事業、左官工事業、とび・土工工事業、石工事業、屋根工事業、電気工事業、管工事業、タイル・れんが・ブロック工事業、鋼構造物工事業、鉄筋工事業、ほ装工事業、しゅんせつ工事業、板金工事業、ガラス工事業、塗装工事業、防水工事業、内装仕上工事業、

機械器具設置工事業、熱絶縁工事業、電気通信工事業、造園工事業、さく井工事業、建具工事業、水道施設工事業、消防施設工事業、清掃施設工事業　の28種類をいいます。

## 6-4　工事監理に関する手続き、しくみ

　建築物の基準や仕様などにおける一定の質や性能の確保を含めた適法性を担保するために、建築生産プロセスの中核をなす設計・工事監理について、建築士法、建築基準法、建設業法では、さまざまなしくみを用意しています。ここでは、これら3つの法律が工事監理を中心に、どういったしくみを用意しているかを中心に記述します。

### 1）設計段階の措置

　建築物の上記の適法性を担保するためには、まず、設計が適正に行われている必要があります。建築工事（施工）は、設計図に基づき行われますので、設計が不適正なものであれば、完成した建築物が適正なものにはなり得ません。

　建築物の設計に際し、設計の内容として守らなければならない最低限の基準は、建築基準法に定められています。また、建築士法では、小規模な建築物を除き、資格者である建築士が設計しなければならないとし、建築基準法では、建築士の設計でなければ建築工事が禁止されています（建築士法第3条〜第3条の3、建築基準法第5条の4）。さらに、建築士法では、「建築士は、設計を行う場合においては、設計に係る建築物が法令又は条例の定める建築物に関する基準に適合するようにしなければならない」（建築士法第18条第1項）と規定し、建築士に法令適合の義務を課しています。

　これらについて、建築基準法に定める建築確認制度において、建築主事や指定確認検査機関がチェックを行い、法に適合していることを確認することとなっています。なお、確認済証が交付された後でなければ、建築工事を行ってはならないこととなっており、一連の建築基準適合を担保しています。（建築基準法第6条）

## 2）工事監理段階の措置

　建築確認制度により、設計が適正に行われていることが確認されたとしても、それだけで実際の建築工事が適正に行われるとは限りません。建築物の一定の質や性能の確保を含めた適法性を担保する上で、何よりも建築工事（施工）が適切に行われることが最も重要であることはいうまでもありません。

　とはいえ、これを建築主と工事施工者との請負契約のみで担保することは困難と考えられます。このため、建築士法では、小規模な建築物を除き、資格者である建築士が工事監理を行わなければならないとし、建築基準法では、建築士である工事監理者を定めることを建築主に義務付け、これに違反する場合の建築工事を禁止しています（建築士法第3条～第3条の3、建築基準法第5条の4）。

　また、建築基準法では、一定の建築物については、完成時に行政や指定確認検査機関による検査を受け、検査済証の交付を受けた後（すなわち、建築物の基準適合が確認された後）でなければ建築物を使用してはならないとしています（建築基準法第7条の6）。

## 3）工事施工者に対する措置

　1）、2）では、建築物の一定の質や性能の確保を担保するために設計段階、工事施工段階で建築基準法、建築士法がどのようなしくみを用意しているかを述べました。しかしながら、建築士が設計、工事監理業務を通じて、また、建築主事や指定確認検査機関が検査等の業務を通じて、いかに適切に業務を実施したとしても、実際に建築工事を行う工事業者（工事施工者）の技術力、経営能力等に問題がある場合、建築物の質や性能の確保は困難となります。

　このため、建設業法により、建設業者の資質の向上、建設工事の請負契約の適正化などが図られています。具体的には、建設工事を行う施工者の許可制度、すなわち、経営能力、技術能力、信用力などを要件に許可された事業者のみが建設業を行えるというしくみが用意されています（建設業法第3条等）。

　なお、工事監理者が、工事が設計図書のとおりに実施されていないと認めた場合、工事施工者に対しその旨を指摘し、当該工事を設計図書のとおり実施するよう求め、工事施工者がこれに従わないときはその旨を建築主に報告するこ

とになっています（建築士法第18条第3項）。これに関し、この工事監理者の求めに従わない理由がある場合は、工事施工者は建築主（注文者）に対して、その理由を報告することとなっています（建設業法第23条の2）。

### 4）監理業務と建築士法、建築基準法

　設計業務とともに建築生産の中核をなす工事監理業務について、建築士法では、建築士の業務独占（建築士でなければ行えない）を定め、建築基準法と一体的に公法上の規制を行うことで、建築物の質や性能の確保を図っています。一方、監理や監理業務については、そもそも建築士法や建築基準法では何も定められていません。監理業務の業務内容は、それぞれの契約の中で定められるものであり、必ずしも共通認識となっているものではありません。

　しかしながら、建築工事の指導監督など建築士法第21条に定める「その他の業務」の一部であったり、後述6-6で解説する業務報酬基準における標準業務内容の「（工事監理に関する）その他の業務」であったりするものと考えられます。このため、監理業務の実施に際しては、建築士事務所登録が必要になり、建築士事務所に対するさまざまな措置を通じて、間接的に、建築士が行う監理業務の適正化が図られることとなります。

## 6-5　処罰規定と処分等の事例

　建築士法で資格者（建築士）を定めている以上、資格のない者（いわゆる無資格者、すなわち、建築士でない者）が設計・工事監理等を行うことを未然に防止しなければなりません。このため、建築士でない者が建築士を名乗ったり、業務独占とされる設計・工事監理を行ったりすることを禁止し、これらに違反する場合は罰則が適用されます。

　また、建築士が法律違反や不適切な業務を行った場合にも、罰則の適用のほか、行政処分（すなわち、建築士免許の取消しや業務停止など）が行われます。これらにより、資格者制度の実効性が担保されています。

　ここでは、建築士法に基づく建築士の処分規定や処分のルール、実際の処分事例について述べます。

## 1）建築士法に基づく懲戒処分、監督処分等

　建築基準法等の基準に違反する不適切な設計等を行った場合、建築士であるか否かを問わず、罰則が適用される可能性があります。また、これを建築士が行った場合は、建築士法に基づき建築士に対する懲戒処分（戒告、業務停止命令、建築士免許取消し）、建築士事務所開設者に対する監督処分（戒告、事務所閉鎖命令、事務所登録取消し）の可能性があります。

　これらは違反内容や建築士であるか否かなどにより、罰則や処分の対象、内容が異なります。ここでは、それぞれの場合にわけて述べます。

　なお、罰則の適用については、一般的に法律に特別の定めがない限り故意犯の場合に限られるようですが、建築士の懲戒処分については、建築士の故意・過失を問わないことにご留意ください。すなわち、建築士が誤って法律違反を行った場合であっても、懲戒処分の対象にはなり得ます。これは専門家として権限が与えられ保護されているためです。ただし、懲戒処分にあたり、故意・過失の事情が考慮される場合も考えられます。

①建築士が行った場合
　ア）建築基準法違反など、法令違反となるもの
　　（たとえば、建築士が違反設計を行った場合を想定してください）
　・建築基準法違反として、建築基準法における罰則が適用される可能性があります。
　・建築士法では、建築士法、建築基準法などの建築に関する法令違反は、懲戒処分の対象となり得ます。この場合、戒告、1年以内の業務停止、免許取消しの可能性があります。
　イ）上記ア）には該当しないものの、不適切な業務を行った場合
　　（たとえば、建築士が違反設計ではないものの不誠実な設計（いい加減な設計）を行った場合を想定してください）
　・建築士法では、業務に関して不誠実な行為を行った場合、懲戒処分の対象となり得ます。この場合、戒告、1年以内の業務停止、免許取消しの可能性があります。

　　上記、ア）、イ）いずれにおいても、所属する建築士が懲戒処分と

なった場合、その建築士事務所は監督処分の対象となり得ます。この場合、1年以内の事務所閉鎖（業務停止）、事務所登録取消しの可能性があります。

②建築士以外の者が行った場合（業務独占を違反した場合）
　ア）建築基準法違反など法令違反となるもの
　　（たとえば、無資格者が違反設計を行った場合を想定してください）
　・建築基準法違反として、建築基準法における罰則が適用される可能性があります。
　・業務独占違反により、建築士法における罰則が適用される可能性があります。
　イ）上記ア）には該当しない場合
　　（たとえば、無資格者が適法な設計を行った場合を想定してください）
　・業務独占違反により、建築士法における罰則が適用される可能性があります。
　　上記ア）、イ）いずれにおいても、所属する無資格者が業務独占を違反したことにより、その建築士事務所は監督処分の対象となり得ます。この場合、1年以内の事務所閉鎖（業務停止）、事務所登録取消しの可能性があります。

### 2）処分基準
　1級建築士の処分については、処分基準（1級建築士の懲戒処分の基準」（平成20年11月14日制定）が定められており、これに基づき、中央建築士審査会の同意を得たうえで、処分が行われます。
　処分基準では、懲戒事由に対応するランクを基本に、複数の懲戒事由に該当する場合、個別事情によるランクの加重又は軽減を勘案して、処分のランクを決定するしくみとなっています。
　工事監理に関する懲戒事由に対応するランクとしては、建築士法違反行為として、「工事監理不履行・工事監理不十分」がランク6（業務停止3ヶ月に相当）、「工事監理報告書未提出・不十分記載等」がランク4（業務停止1ヶ月に

相当)、不誠実行為として、「工事監理者欄等虚偽記入」がランク6(業務停止3ヶ月に相当)と定められています。

ここで、「工事監理不履行・工事監理不十分」とは、法に定める工事監理を十分に行わず、あるいは工事が設計図書のとおりに行われていないと認めたにもかかわらず、工事施工者に注意せず、また工事施工者がこれに従わないにもかかわらず、建築主に報告しなかった場合をいいます。また、「工事監理報告書未提出・不十分記載等」とは、工事監理報告書を提出しなかった場合及びこれに虚偽の記入又は不十分な記入をした場合をいいます。「工事監理者欄等虚偽記入」とは、工事監理者に就任する意志がないあるいはその意志があっても建築主と工事監理者に就任することの合意が全くないにもかかわらず、建築確認申請書・工事完了申請書等の工事監理者欄に自己の名称を記入するなど、確認申請書等に虚偽の記入をした場合をいいます。

### 3)処分事例

建築士の処分については、平成18年の建築士法改正により、処分を受けた建築士の氏名、登録番号、処分内容等が公表されることとなりました。ここでは、平成20年度以降、工事監理業務に関する処分事例に関し、国土交通省公表資料に基づき、主なものを記載します。

- 建築物(6物件)の工事監理者として、工事監理報告書を直ちに建築主に提出しなかった。　　　　　　　　　　　〈平成20年度、業務停止6ヶ月〉
- 建築物(戸建住宅1戸)の工事監理者として適正な工事監理を十分に行わなかったため、設計図面と異なる施工が行われた。
　　　　　　　　　　　　　　　　　　　　　〈平成20年度、業務停止3ヶ月〉
- 工事監理者として、工事監理に必要な設計図書が建築確認済証の交付を受けた適法な設計図書であることを確実な方法で確認することを怠り、建築士事務所の担当者による虚偽の確認済証番号に基づき、確認済証の交付を受けていない設計図書で工事監理を行った。**〈平成20年度、戒告〉**
- 建築物(戸建住宅2戸)の確認申請代理者として、虚偽の建築確認番号を施工者に通知し、無確認着工を生じさせ、工事監理者として、無確認の設計図書に基づき工事監理を行った。また、建築物(戸建住宅1戸)

…（以下省略）。　　　　　　　　〈平成20年度、免許取消し〉
● 建築物（戸建住宅1戸）の確認申請代理者として、虚偽の確認済証を作成・行使した。また、8物件の建築物について、工事監理者として、建築主に工事監理報告書を提出せず、建築士事務所の開設者でありながら、（以下省略）。　　　　　　　　　　　　〈平成20年度、免許取消し〉
● 建築物（共同住宅等3物件）の工事監理者として、工事監理に必要な設計図書が確認済証の交付を受けた適法な設計図書であることを確実な方法で確認することを怠り、建築士事務所に所属する2級建築士による虚偽の確認済証によって、確認済証の交付を受けていない設計図書で工事監理を行った。　　　　　　　　　　　〈平成21年度、業務停止3ヶ月〉
● 戸建住宅について、（中略）工事監理者として、工事監理終了後、工事監理報告書を建築主に提出しなかった。〈平成21年度、業務停止1ヶ月〉
● 戸建住宅（1物件）について、（中略）虚偽の確認済証を作成し、建築主に渡した。（中略）戸建住宅等について、工事監理者として、工事監理終了後、直ちに工事監理報告書を提出する義務があったにもかかわらず、これを行わなかった。さらに（以下略）。
　　　　　　　　　　　　　　　　〈平成22年度、業務停止7ヶ月〉
● 戸建住宅（1物件）について、（中略）工事監理者として、工事監理を十分に行わず、設計図書のとおりに工事が実施されない事態を生じさせた。（中略）さらに別の戸建住宅（1物件）について、工事監理者として、工事監理を十分行わず、設計図書のとおりに工事が実施されない事態を生じさせた。（中略）戸建住宅について、工事監理者として、工事監理報告書を建築主に提出する義務があったにもかかわらず、これを行わなかった。（以下略）　　　〈平成22年度、業務停止9ヶ月〉
● 管理建築士としての業務を行う意思がないにもかかわらず、自己の建築士としての名義を（中略）使用することを承諾した。また、戸建住宅等（28物件）について、設計及び工事監理を行う意思がないにもかかわらず、建築確認申請書の設計者及び工事監理者欄に自己の建築士としての名義を記載することを承諾した。　　　〈平成22年度、免許取消し〉
● 共同住宅（1物件）について、工事監理者として、工事監理を十分行わ

ず、設計図書の通りに工事が実施されない（耐震スリットに関する工事箇所が設計図書と異なる）事態を生じさせた。
〈平成23年度、業務停止1ヶ月〉
- 共同住宅について、（中略）違法な設計を行った。また、工事監理を十分に行わず確認申請における設計図書と異なる工事が行われる事態を生じさせた。さらに、（以下略） 〈平成23年度、免許取消し〉
- 戸建住宅（1物件）について、（中略）違反する設計を行った。戸建住宅（3物件）について、（中略）工事監理報告書を建築主に提出する義務があったにもかかわらず、これを行わなかった。（中略）設計及び工事監理業務の契約を締結するにあたり、改正前の建築士法第24条の6にも基づく書面の交付を行わず（以下略）〈平成23年度、業務停止8ヶ月〉

## 6-6 業務報酬基準（告示第15号）

　一定の建築物の設計・工事監理は、建築士法において建築士の独占業務とされています。したがって、その業務報酬を不当に引き上げたり、また、逆に過当競争により過度に引き下げられることで、建築士の業務の適正な執行が妨げられるとすると、これは問題です。このため、建築士法第25条において、「国土交通大臣は、中央建築士審査会の同意を得て、建築士事務所の開設者がその業務に関して請求することの出来る報酬の基準を定め、これを勧告することができる」とされています。

　業務報酬基準は、この規定に基づき、告示として定められています（平成21年国土交通省告示第15号）。

　業務報酬基準では、後述のとおり、標準的な業務内容と業務量を示しており、これにより建築士事務所における業務の適正化を担保するとともに、建築主にとって委託する設計業務や工事監理業務の報酬決定に際しての目安となることが目的とされています。

　なお、業務報酬基準は、報酬額を定めているものではありません。また、業務報酬基準そのものには強制力はなく、当事者間の契約に基づいて個別の事情に応じた業務報酬の算定を妨げるものではありません。

1）業務報酬基準の構成

　業務報酬基準においては、業務経費（直接人件費、直接経費、間接経費、特別経費）と技術料等経費、消費税相当額によって構成される実費加算方法を原則として、設計、工事監理等の実情に鑑み簡便に業務経費を積算する方法として略算方法が定められています。

　略算方法では、設計、工事監理等の標準的な業務内容を実施した場合の建築物の用途、床面積に応じた標準的な業務量を示しており、これに基づき合理的かつ簡便に報酬が算定できるようになっています。

2）工事監理に関する標準業務

　業務報酬基準の略算方法では、標準的な業務内容について、「設計に関する標準業務」と「工事監理に関する標準業務及びその他の標準業務」に大別しています。

　このうち、「工事監理に関する標準業務」として、
① 工事監理方針の説明等
② 設計図書の内容の把握等
③ 設計図書に照らした施工図等の検討及び報告
④ 工事と設計図書との照合及び確認
⑤ 工事と設計図書との照合及び確認の結果報告等
⑥ 工事監理報告書等の提出

が定められています。

　また、「（工事監理に関する）その他の標準業務」として、
① 請負代金内訳書の検討及び報告
② 工程表の検討及び報告
③ 設計図書に定めのある施工計画の検討及び報告
④ 工事と工事請負契約との照合、確認、報告等
⑤ 工事請負契約の目的物の引渡しの立会い
⑥ 関係機関の検査の立会い等
⑦ 工事費支払いの審査

が定められています。

なお、「工事監理に関する標準業務」のうち「④　工事と設計図書との照合及び確認」が建築士法に定義される工事監理そのものになります。この場合の「確認」については、工事施工者が実施するすべての工事について隈なく「確認」を行うことは不可能といわざるを得ません。この点に関し、業務報酬基準では、標準的な業務内容として「設計図書に定めのある方法による確認のほか、目視による確認、抽出による確認、工事施工者から提出される品質管理記録の確認等、確認対象工事に応じた合理的方法により確認を行う」と定めています。すなわち、対象工事に応じて、工事監理者が妥当と判断する合理的な方法で確認を実施することとしています。

　この「対象工事に応じた合理的方法」について具体的に例示することを目的として、国土交通省において「工事監理ガイドライン」が定められています。工事監理ガイドラインでは、新築の戸建木造住宅、新築の非木造建築物に係る建築工事、電気設備工事、給排水衛生設備工事、空調喚起設備工事及び昇降機等工事について、確認対象工事に応じた合理的方法を例示しています。あくまでも例示にとどまるのは、建築工事は個別性が高く、工事監理の内容、方法等を一律に定めることが出来ないためです。適正な工事監理を行うためには、工事監理ガイドラインを参考に、それぞれの工事に即して、工事監理者が合理的に判断した方法で実施することが重要と考えられます。

### 3）設計・工事監理を行う場合の業務報酬の算定方法

　業務報酬は略算表を用いて、以下の流れで算定することができます。

①　対象となる建築物の用途や床面積等を確認し、略算表の該当する欄の標準業務量を用います（標準業務に含まれない追加的な業務を付随して実施する場合には、その業務量を追加します）。

②　①で算定した業務量に人件費単価を乗じて直接人件費を算定します。

③　②で算定した直接人件費に2.0を乗じ、直接人件費、直接経費及び間接経費の合計を算定します。これらに特別経費や技術料等経費を加え、業務報酬を算定します。

たとえば、10,000㎡程度の本社ビルの工事監理を行った場合の標準業務量は、
- 総合：2,100人・時間
- 構造： 370人・時間
- 設備： 830人・時間

となっています。これらの業務量をもとに、上記①〜③の流れで、業務報酬を算定することになります。

　また、たとえば、150㎡程度の戸建住宅（詳細設計を要するもの）の工事監理を行った場合の標準業務量は、
- 総合：240人・時間
- 構造： 48人・時間
- 設備： 49人・時間

となっています。これらの業務量をもとに、上記①〜③の流れで、業務報酬を算定することになります。

　STEP 6：（工事）監理者が知っておくべき手続き、しくみを学ぼう─工事監理の規制等─　については以上です。次はSTEP 7〈本書の内容をもう一度確認しよう─建築の監理業務のまとめ─〉です。

## Step 7　本書の内容をもう一度確認しよう
―建築の監理業務のまとめ―

　このステップは、STEP 1 から STEP 6 までの学習内容のまとめ、〈ウォーミングアップ課題〉の解説、各ステップの補足事項等を含めた本書の仕上げ段階です。基本的には各ステップのキーワードやポイント項目の確認が中心ですが、STEP 7 で、本書の内容をもう一度復習して、「建築の監理業務」について学習の中身を再確認しましょう。

### 7-1　STEP 1　〈建築の監理業務―学習の前に―　―3つのポイントとウォーミングアップ課題―〉のまとめ

　STEP 1 では、〈建築の監理業務 - 学習の前に -〉として、まず重要な3つのポイントを説明しています。次に〈ウォーミングアップ課題〉に挑戦していただきました。STEP 1 から STEP 6 まで順に学習された方は、以下の〈ウォーミングアップ課題の解答と解説〉を読んで、もう一度本書で学習した内容を確認してください。

　また、ウォーミングアップ課題をスキップした方は、STEP 1 に戻って設問を解いてから、以下の解答と解説を読んで、本書のテーマについて、あらためて自らの理解度を確認してください。

#### 1）STEP 1　学習の前に―確認すべき「3つのポイント」―
① 建築において、設計、（工事）監理、施工の各業務は、ひとつの建築物をつくる行為としてはつながっていますが、業務としては各々異なった役割を担うそれぞれ独立した業務です。ここが大切なポイントです。次に一般によく勘違いされていますが、建築の「工事監理」は、建築工事の「監理・管理」ではありません。同様に、「施工管理」、「工事管理」、「品質管理」、「監理技術者」なども「工事監理」とは、基本的に別の法令や契約上

```
                    着工から
                    工事の進捗
```

**工事施工者** 　　　　　　　　　　　　　　　**工事監理者**

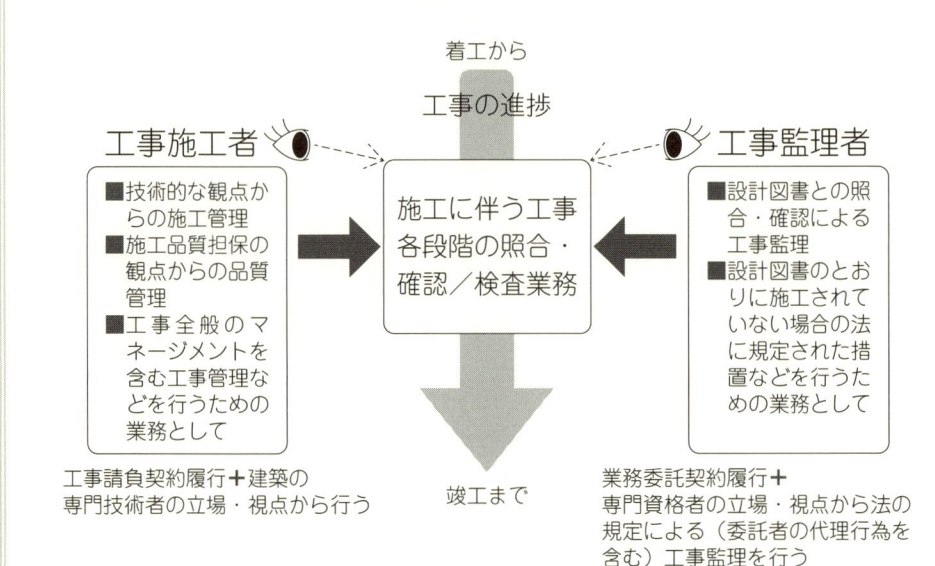

- 技術的な観点からの施工管理
- 施工品質担保の観点からの品質管理
- 工事全般のマネージメントを含む工事管理などを行うための業務として

　　　施工に伴う工事各段階の照合・確認／検査業務

- 設計図書との照合・確認による工事監理
- 設計図書のとおりに施工されていない場合の法に規定された措置などを行うための業務として

　　　　　　　　　竣工まで

工事請負契約履行＋建築の専門技術者の立場・視点から行う

業務委託契約履行＋専門資格者の立場・視点から法の規定による（委託者の代理行為を含む）工事監理を行う

図8　工事施工者と工事監理者の業務

の業務、しくみですが、これらもよく誤解され、混同されています。このように表現がよく似ている建築関連用語も多いので、誤解、曲解せずに工事施工段階における「工事監理」の正確な意味をよく知ることがポイントの第1点目になります。（図8参照）

② 　工事監理を行う、という場合に「誰がそれを行わせるのか？」あるいは「誰が行うことのできる業務なのか？」を理解することが大切です。すなわち、建築主が建築士である工事監理者を定めて行わせるという、わが国独自の民間活用の建築生産のしくみを理解することが大きなポイントになります。

③ 　工事監理と監理について、特にその違い、責任や処分について正しく理解するためには、建築士法などの公法と、契約責任などを定める私法というわが国の法における2つのグループについての理解が必要となります。本書では、繰り返しこの基本事項が出てきますので、的確にこれを理解する必要があります。

STEP1では、「建築の監理業務」について、以上3つの大切なポイントを

あげています。これらについて確認し、常にその内容を認識しておくことが、本書を理解する上で、とても重要です。

## 2）STEP 1 〈ウォーミングアップ課題〉の解答と解説

STEP 1 では、さらに「建築の監理業務」を中心とした理解度を自ら判断するウォーミングアップ課題（25題の正誤判定問題）を設けています。基本的にこれらの設問は、本書を読み進めるにあたり、STEP 1 で最初に取り組むことを想定して作成されていますが、学習内容を整理するためには問題形式での復習が有効です。本書の内容を反芻したいときは、学習によって得られた知識や判断力を維持するためにも、いつでもこの問題文に立ち返って解答を試みてください。以下に〈ウォーミングアップ課題〉の全問題について、内容の解説があります。

《STEP 2　建築の「監理」と「工事監理」のしくみについて理解しよう》から

**Q1**　建築士が契約上行う建築工事の監理業務は、工事監理業務よりも広い範囲の業務を含んでいる。

**解答**　○

**解説**　建築工事の監理は、当事者間の契約に基づき行われる業務であり、「工事監理業務」と「それ以外の業務」に大別されます。したがって、監理の方が工事監理よりも広い範囲の業務であることから、問題文の記述は正しいことになります。

　なお、工事監理については、建築士法や建築基準法に、関連する定めがありますが、より広範な業務内容を持つ「監理」については何ら定めはありません。

　建築士法で、工事監理は「その者の責任において、工事を設計図書と照合し、それが設計図書のとおりに実施されているかいないかを確認すること」と定義され、一定の建築物の工事監理は、建築士でなければできない業務（建築士の独占業務）とされています。また、建築基準法で、一定の建築物の建築工事を行う場合に工事監理者を定めることが建築主の義務とされ、工事監理者を定めない工事は行うことが禁止されています。

実務上は、①建築主と建築士事務所が監理契約（この契約の中に工事監理業務も含まれています）を結び、監理者を定め、②監理者となる建築士が、同時に監理業務の一環として建築士法に定められた工事監理者の立場から、工事監理業務及びその他の監理業務を行う、という流れになります。

Q2　建築士法に定める工事監理は、十分な施工管理、良質な施工の実現を目的とした業務と定義され、工事施工者が工事請負契約に基づいて行っている業務を、建築主との業務委託契約に基づいて、建築士が工事監理者としての立場から行っていると考えられる。

解答　×

解説　工事施工者は、工事請負契約に基づいて、設計図書を含む契約に定める建築物の品質や性能を実現するために、各種検査等により品質管理や施工管理を行っています。一方、工事監理者は、業務委託契約に基づいて、工事の各段階の結果を設計図書と照合して、設計図書のとおりに出来ているかいないかを確認する業務を行っています。これらの業務は、同じ工事内容を対象にしていますが、基本的には全く別の目的、立場、視点、責任等による異なった業務です。（106頁図8参照）したがって、問題文の記述内容は誤っています。

　なお、工事監理は、建築士法において、「その者の責任において工事を設計図書と照合し、それが設計図書のとおりに実施されているかいないかを確認することを言う。」（建築士法第2条第7項）と規定された業務をさしており、建築の工事施工段階で、建築士が行う広範な監理業務の中から各段階の施工結果を設計図書と照合し、そのとおりに出来ているかどうかを、「その者」である工事監理者の責任において確認する業務だけ限定して取りだしたものです。

Q3　わが国の建築工事では、設計者、（工事）監理者、工事施工者が、契約上同一者となるケースはあり得るが、それぞれの役割は全く別のものであり、同一者が業務を行う場合であっても、それをよく認識し、適切に業務を行う必要がある。

解答　○

解説　わが国の建築工事では、設計・監理一括、あるいは設計・監理・施工

一括の契約形態があることから、設計者、（工事）監理者が同一者、さらに設計・施工一括の場合は、工事施工者も同一者である場合（たとえば、〇〇建設が、一括して設計、監理、施工の契約者となっている等）があります。また、建築士事務所登録をしているハウスビルダーや工務店などによる設計・施工一括の契約の場合、同一人（建築士）が、設計、監理、施工のすべての担当者となっている場合もあります。しかし、設計者、（工事）監理者、工事施工者のそれぞれの役割は、本来全く別のものです。すなわち、設計者は「その者の責任において設計図書を作成する」、工事監理者は「その者の責任において工事を設計図書と照合し、それが設計図書のとおりに実施されているかいないかを確認する」、工事施工者は「請負契約に基づいて、契約の目的物である建築物を設計図書のとおり完成させて引き渡す」という役割をそれぞれ担っています。したがって、同一者がこうした業務を行う場合であっても、それらをよく認識し、適切に履行する必要があります。

上記から、この問題文の記述内容は、正しいということになります。

**Q4** 建築士法では、監理業務のすべてについて、一定の建築物においては、建築士でなければ行うことが出来ないこととしている。

解答　×

解説　建築士法や建築基準法では、建築士の業務独占について定めています。建築士の業務独占とは、一定の（新築）建築物の設計・工事監理に限っては、建築士でなければ行うことができないというものです。また建築士法では、独占業務ではないものの、建築士は「建築工事の指導監督、建築物に関する調査又は鑑定及び建築物の建築に関する法令又は条例の規定に基づく手続きの代理その他の業務を行うことができる」としています。これらの業務は「その他業務」と呼ばれています。

工事監理を除く監理業務は、独占業務ではない「その他業務」に該当し、建築士資格を持たない者でも業務の実施が可能です。本書でいう「工事監理及び工事監理に関する業務を除く監理業務」には資格要件はありません。したがって、この問題文の記述は誤っています。ただし、実務上は、工事監理を除く監理業務も契約によって工事監理業務と一体的に行われることから、監理業務全般を建築士が行うことが一般的です。

《STEP 3　工事監理の業務について見てみよう》から

Q5　建築士法では、工事監理業務の具体的な実施方法（工事と設計図書との照合・確認の具体的な対象、方法や業務の範囲）は何も定められていない。

解答　○

解説　工事監理は、建築士法において「その者の責任において工事を設計図書と照合し、それが設計図書のとおりに実施されているかいないかを確認すること」と定義されていますが、建築士法上の規定はそこまでで、工事と設計図書の照合・確認の具体的な実施方法等（何をどうやって、どこまで確認するか）については何も定められていません。したがって、問題文の記述内容は正しいということになります。

Q6　建築士法では、工事監理は「その者の責任において、工事を設計図書と照合し、それが設計図書のとおりに実施されているかいないかを確認すること」とされているが、この確認について告示第15号では、工事監理者がそれぞれ確認対象工事に応じた合理的な方法で、設計図書と照合して確認するという考え方によっていると解される。

解答　○

解説　建築士法の規定をみると、すべての工事工程、すべての工事内容を設計図書と照合し、確認するように思えますが（設計図書と照合しなくてよいという対象工事が規定されていないため）、実務上は小規模の建築物でさえ、工事のすべてを設計図書と照合し、確認することは、技術的にも、また工期（時間）や報酬（費用）の制約等から、極めて困難と考えられます。

　業務報酬基準や工事監理ガイドラインでは、工事と設計図書との照合・確認は、確認対象工事に応じた合理的方法であればよい（大森文彦氏による）との考え方が示されています。どのような確認方法を確認対象工事に応じた合理的方法と判断するかは、民法の善管注意義務を果たすことをはじめ、客観的、技術的に見て妥当である方法を工事監理者が自ら判断するものと考えられます。したがって、問題文の記述内容は正しいということになります。

**Q7** 一定の建築物については、工事監理者を定めてこれを行わせる義務は建築主にあるが、工事監理は建築士が行う独占業務であることから、建築主は、自らが資格者でない限り、建築士である工事監理者を定めてこれを行わせなければ、当該建築物の工事を実施することはできない。

**解答** ○

**解説** 問題文にはいくつかの内容が含まれていますが、いずれも正しい記述です。建築基準法第5条の4の規定により、工事監理者を定めるのは建築主の義務です。STEP 2などに解説があります。

**Q8** 設計や工事監理は、木造戸建て住宅に限り、規模等の特定なしに、建築士事務所の登録を受けることなく、建築士が他者から委託を受けて、個人で業務として行うことができる。

**解答** ×

**解説** 法で定める一定の建築物の設計、工事監理業務は、建築士が行う独占業務です。ただし、他者のために報酬を得て業務として行う場合(報酬の有無は必ずしも要件ではありません)には、建築士事務所登録が必要で、これを定めた建築士法第23条の10(無登録業務の禁止)第1項の規定には、建築物の類型などによる例外規定は一切ありません。したがって、問題文の記述は誤っているということになります。またこの規定は、建築士が設計、工事監理以外の仕事を業務として行う場合でも同様です。

**Q9** 工事監理業務において、工事が設計図書のとおりに出来ていない場合、建築士法では工事監理者が工事施工者に対して、その旨を指摘する、さらに是正指示をすると規定されているが、これには当然強制力があると解釈されるので、工事監理者は、工事施工者によって是正された結果だけを建築主に報告すればよいとされている。

**解答** ×

**解説** 上記の是正指示を定めている建築士法第18条第3項の規定には、強制力までは無いとされています。つまり工事監理者と工事施工者は、直接の契約関係にないので、法では是正指示までとし、この是正指示に

工事施工者が従わない場合には、工事監理者は、工事請負契約と監理業務委託契約の共通の契約当事者である建築主に、これを報告することにしています（実際にはこうした報告を受けて、契約の定めにより建築主は工事監理者を交えるなどして工事施工者と協議することになります）。また建設業法第23条の2にはこの条文に対応する規定があり、建築士法第18条第3項の規定によって、工事監理者に是正を求められた場合、これに従わない理由があるとき、工事施工者は直ちに文書で注文者（建築主）にその理由を報告することになっています。したがって、問題文の記述にある「是正された結果のみを報告する」という内容は誤っているということになります。（36・37頁図1・図2参照）

Q10 監理業務委託契約の報酬が不十分な場合などには、工事監理の一部を省略する契約を締結し、報酬に見合った範囲で業務を履行することもやむを得ないと考えられ、すべての責任もその範囲内で負うことになる。

解答 ×

解説 工事監理は、建築士法において「その者の責任において工事を設計図書と照合し、それが設計図書のとおりに実施されているかいないかを確認すること」と定義されています。工事監理者は、この業務を履行する義務があり、建築士法上の責任（公法上の責任）を負います。そして、この設計図書との照合・確認には範囲等の定めはありません。したがって、仮に（工事）監理契約において、工事監理の一部を省略することが定められていたとしても、当該部分で不具合があった場合には、契約責任は逃れても、工事監理者としての責任が問われる場合があります。この問題文の記述内容は法令違反となる可能性があり、誤っているということになります。

Q11 設計図書が不完全で、工事監理業務を実施することが困難となる場合には、工事監理者として、設計図書の補完行為（設計図書に追記等をして完成させる行為）を行う必要がある。

解答 ×

解説 実務上は不完全な設計図書が散見される場合もありますが、監理業務や工事監理業務は、不完全な設計図書の補完行為ではありません。不

完全な設計図書の補完行為は、設計又は設計変更業務として捉える必要があります。つまり、この行為は必要がある場合には、建築主を通じて設計者が行う業務になります。特に工事請負契約の内容に影響を与えるような設計変更には注意が必要です。この問題文の記述内容は不適切であり、誤っているということになります。

Q12 工事監理は、建築主が建築士事務所の開設者と業務委託契約を締結して実施させる業務であることから、工事監理者は、必ず契約締結者である建築士事務所の開設者でなければならない。

解答　×

解説　契約者は、必ず法でいう人でなければならないことから、工事監理業務の契約者は、建築士事務所の開設者（個人又は法人）になります。しかしながら、個人としての開設者には、建築士資格が要件とされていないため、資格を有していない開設者は、工事監理を行うことはできません。その場合、監理者、工事監理者となるのは、当該事務所の管理建築士や担当建築士（いずれも資格が要件）です。必ずしも監理業務の契約者と担当者は同一者である必要はないことから、この問題文の記述内容は不適切であり、誤っているということになります。

《STEP 4　工事監理に関する業務を除くその他の監理業務について見てみよう》から

Q13 「工事監理を除くその他の監理業務」の内容については、業務報酬基準の告示第15号における標準業務内容が参考となるが、この標準業務内容は、そのすべてが建築士の業務に強制的に適用されるというわけではない。

解答　○

解説　監理業務については、建築士法や建築基準法には直接的な定めは何らありません。監理業務は、当事者間の契約により定められる業務です。したがって、告示第15号の標準業務内容は強制的に行う業務というわけではありません。また、工事監理を除くその他の監理業務については、建築士でなくとも行うことができる業務となっています。したがって、問題文の記述内容は正しいということになります。

**Q14** 監理業務は契約に基づき行うものであり、業務報酬基準における標準業務内容以外にも、個別の契約に基づき、建築士は契約上の監理者としてさまざまな業務を実施している。

解答 ○

解説 実際の工事施工現場において、建築士は標準的な監理業務の内容（工事監理に関する標準業務、その他の標準業務）以外にも、さまざまな標準業務内容に含まれない業務を個別の契約に基づいて実施することがあります。これは、いわゆる追加（的な）業務です。したがって、問題文の記述内容は正しいということになります。

　これらについては、業務報酬基準においては「工事監理に関する標準業務等に付随する標準外の業務」、四会連合協定建築設計・監理等業務委託契約約款においては「オプション業務」として、さまざまな業務が例示されています。

**Q15** 工事施工段階で実施される「設計図書」を除く対象（契約書や施工図など）と、工事の各段階の結果との照合・確認は工事監理ではなく、告示第15号の工事監理を除く「工事監理に関する業務」や「その他の業務」の範囲と考えられる。

解答 ○

解説 工事監理は、工事施工段階で、その者の責任において工事を設計図書と照合し、それが設計図書のとおりに実施されているかいないかを確認するという限定された業務です。したがって、工事監理の照合・確認の対象はあくまで設計図書のみです。設計図書を除く照合・確認は建築士法上の工事監理ではありません。告示第15号では、設計図を除く照合・確認の業務は、「工事監理を除く工事監理に関する業務」やこれらと一体となって行われる「その他の業務」に含まれるとされています。したがって、問題文の記述内容は正しいということになります。

《STEP 5 （工事）監理者にとって必要な最小限の法的知識を学ぼう》から

Q16 わが国の法は、公法のグループと私法のグループにわけられ、民間建築物を規制する建築基準法や民間人の資格を定める建築士法は、私法のグループである。

解答　×

解説　日本の法体系では、法は国家と国民との権利義務関係を規律するグループ（公法）と国民同士の権利義務関係を規律するグループ（私法）にわけられます。公法の典型例は憲法、刑法であり、私法の典型例は民法です。建築基準法、建築士法、建設業法などは公法です。したがって、問題文の記述内容は誤っているということになります。

Q17 法的責任は、大きく民事責任と刑事責任にわけられ、このうち契約責任と不法行為責任は刑事責任とされる。

解答　×

解説　法律上の不利益や制裁を負わせることを法的責任といい、民事責任と刑事責任にわけられます。民事責任には、契約責任と不法行為責任があります。契約責任とは、契約内容に違反した場合などに相手方に生じた損害を賠償する責任を負うことをいいます。不法行為責任とは、契約の有無に関わらず、他人の権利や利益を侵害した場合に被害者に生じた損害を賠償する責任を負うことをいいます。

一方、刑事責任は、一定の要件に該当する行為に対し公法上の責任を科すものです。また、これらとは別に、行政法規に違反した場合に行政から処分を受けることもあります。

したがって、この問題文の記述内容は誤っているということになります。

【法的責任】─┬─【民事責任】契約責任、不法行為責任
　　　　　　├─【刑事責任】
　　　　　　└─【行政処分】

Q18 契約成立は、原則として約束したときであるが、建築士法では、契約成立に関して設計や工事監理の契約に関する独自の規制（重要事項説明、書面の交付）がある。

解答 ○

解説 契約とは、あえて簡単な言い方をすれば「約束」です。つまり契約とは、法的な意味での約束といえます。契約が成立するのは、原則として約束した時ですが、設計や工事監理に関する契約については建築士法による規制があることに注意が必要です。契約成立前の重要事項を記載した書面の交付、説明、契約成立後の一定事項を記載した書面の交付が、建築士事務所の開設者に義務付けられています。したがって、問題文の記述内容は正しいということになります。

Q19 監理契約の内容は、当事者間で自由に決められ、契約書式や契約約款にもいくつかの種類があるが、「四会連合協定建築設計・監理等業務委託契約約款」は、業務報酬基準の告示第15号における標準業務内容を定める際に参照されていること等から、業務委託契約の標準的なモデルとして参考になる。

解答 ○

解説 契約内容は、原則として当事者間で自由に決められますが、設計や監理に関する標準的な契約書のモデルとして、「四会連合協定建築設計・監理等業務委託契約約款」が参考になります。この約款では、建築の設計業務と監理業務だけではなく、調査・企画業務も対象としています。また、設計、監理、調査・企画の３つの業務を組み合わせ、①設計のみ、②監理のみ、③調査・企画のみ、④設計と監理、⑤設計と調査・企画の５種類の業務に対応できるようにしています。したがって、この問題文の記述内容は正しいということになります。

Q20 いったん契約が成立しても、契約当事者の一方が必要ないと判断した場合には、契約内容を守らないことも許容される。また、契約当事者の一方の申し出により、契約を破棄することも可能である。

解答 ×

解説 いったん契約が成立すると、当事者には契約内容を守る法的義務が生

じます。これに反する行為を行った場合、それがその者の帰責事由によるときは、相手方に生じた損害を賠償する責任が生じます。これが契約責任です。また、いったん契約が成立すると、原則としてこれを勝手に破棄することはできません。当事者間で新たな合意をする（契約をなかったことにする）か、契約において予め契約を解除できるケースを決めておくなどの措置が必要となります。したがって、この問題文の記述内容は不適切であり、誤っているということになります。

### 《STEP 6 （工事）監理者が知っておくべき手続き、しくみを学ぼう》から

**Q21** 建築士法で定める工事監理は、建築技術者等が従来から幅広く工事施工段階で監理業務として行っていた業務のうち、「工事と設計図書との照合、確認」を建築士の独占業務として抜き出したものと考えられる。

**解答** ○

**解説** 建築士法では、「設計図書」を「建築物の建築工事実施のために必要な図面（原寸図その他これに類するものを除く。）及び仕様書」と定義し、「設計」とは「その者の責任において、設計図書を作成すること」、「工事監理」とは「その者の責任において工事を設計図書と照合し、それが設計図書のとおりに実施されているかいないかを確認すること」と定義しています。実際の設計業務や監理業務として行われている業務の方が、建築士法で定義し、建築士の独占業務とされる「設計」・「工事監理」より広い概念です。要するに、建築士が工事施工段階で一般的に行うさまざまな業務のうち、「設計図書との照合、確認」を建築士の独占業務として抜き出し、工事監理と定義していると考えられます。したがって、この問題文の記述内容は正しいということになります。

**Q22** 建築物の一定の質や性能の確保を含む適法性を担保するために、設計、工事監理、検査等のそれぞれの段階で、建築士法や建築基準法に基づく、規制やチェックのしくみが用意されている。

**解答** ○

**解説** 建築物の基準や仕様などにおける一定の質や性能の確保を含む適法性を担保するためには、まず、設計が適正に行われている必要がありま

す。建築物の設計に際し、設計の内容として守らなければならない最低限の基準は、建築基準法に定められ、小規模な建築物を除き建築士が設計しなければならないとし、建築確認制度において、建築主事や指定確認検査機関がチェックを行い、法に適合していることを確認することとなっています。

建築確認制度により、設計が適正に行われていることが確認されたとしても、それだけで実際の建築工事が適正に行われるとは限りません。建築士法では、小規模な建築物を除き資格者である建築士が工事監理を行わなければならないとしたうえで、建築基準法では、建築士である工事監理者を定めることを建築主に義務付けています。

工事が設計図書のとおりに実施されていないと認めた場合、工事監理者は工事施工者に対しその旨を指摘し、当該工事を設計図書のとおり実施するよう求め、工事施工者がこれに従わないときはその旨を建築主に報告しなければいけません。これに関し、この工事監理者の求めに従わない理由がある場合は、工事施工者は建築主（注文者）に対して、その理由を報告することとなっています。このように、工事請負契約を含めたさまざまなしくみによって各段階で適法性が担保され、結果として設計図書や法で示された建築物の質が担保されることから、この問題文の記述内容は正しいということになります。

Q23 法令違反など不適切な設計や工事監理を行った建築士が、民事責任（契約責任、不法行為責任）に基づく損害賠償金を支払った場合、さらに、建築士法上の行政処分や行政罰が科されることはない。

解答　×

解説　建築基準法等の基準を違反する不適切な設計等を行った場合、建築士であるか否かを問わず、罰則が適用される可能性があります。また、これを建築士が行った場合は、建築士法に基づき建築士に対する懲戒処分（戒告、業務停止命令、建築士免許取消し）、建築士事務所開設者に対する監督処分（戒告、事務所閉鎖命令、事務所登録取消し）の可能性があります。これらは公法上の責任によるもので、民事責任とは別に行われます。したがって、問題文の記述内容は不適切であり、誤っているということになります。

**Q24** 建築士法に定める業務報酬基準は、告示によって建築物の規模等に応じた設計・工事監理の業務報酬額を定めており、国や地方公共団体発注の設計・工事監理業務を行う場合のみならず、民間工事においても、その報酬額や算定方法が強制的に適用される。

**解答** ×

**解説** 建築士法第25条に基づく告示として、業務報酬基準が定められていますが、この告示では、具体的な報酬金額は定められておらず、その算定方法が示されているだけです。業務報酬基準は、標準的な業務内容と業務量を示しており、これにより建築士事務所における業務の適正化を担保するとともに、建築主にとって委託する設計業務や工事監理業務の報酬決定に際しての目安となることが目的とされています。なお、業務報酬基準そのものには強制力はなく、官民を問わず当事者間の契約に基づいて個別の事情に応じた業務報酬の算定を妨げるものではありません。したがって、この問題文の記述内容は不適切であり、誤っているということになります。

**Q25** 工事と設計図書との照合・確認の具体的方法を例示するとして、工事監理ガイドラインが定められているが、工事監理ガイドラインは、その内容や方法のすべてを強制するものではない。

**解答** ○

**解説** 業務報酬基準に定める「工事監理に関する標準業務」のうち「④ 工事と設計図書との照合及び確認」が建築士法に定義される工事監理そのものになります。この場合の「確認」については、対象工事に応じた合理的方法により工事監理者が確認すること、と考えられます。
　「対象工事に応じた合理的方法」について具体的に例示することを目的として、国土交通省において「工事監理ガイドライン」が定められていますが、このガイドラインは目安であり、工事監理は個々の工事監理者が自ら合理的と判断する方法で行うもので、強制ではないことから、問題文の記述内容は、正しいということになります。

〈STEP 1：基本事項の解説①で取り上げている用語〉
〈一定の建築物〉、〈建築士〉、〈建築主〉、〈工事監理者を置く建築主の義務〉、〈資格要件に見合う建築物〉、〈建築士法〉、〈建築基準法〉

## 7-2　STEP 2　〈建築の「監理」と「工事監理」のしくみについて理解しよう〉のまとめ

〈STEP 2のキーワード：監理と工事監理、公法と私法、公法上の責任と私法上の責任、建築士法と建築基準法〉

　STEP 2〈建築の「監理」と「工事監理」のしくみについて理解しよう〉では、監理、工事監理のそれぞれの考え方や業務内容を比較しながら、そのしくみ、意味や違いなどをまとめています。さらに建築士が業務として監理、工事監理を行う場合の立場や契約と責任といった内容についても概観しています。なお、それぞれの業務内容については、STEP 3〜STEP 4に解説があります。

### 1）STEP 2の4つのポイント

**Point**

1. 工事監理が建築基準法、建築士法上に規定された業務であることを見る。
2. 建築の監理業務のうち、「工事監理」（公法上の義務＋契約上の義務）とそれ以外の業務（主に契約上の義務）の違いを理解する。あわせてそれぞれの責任等を見る。
3. 建築士が行う業務における独占と非独占の区別を見る。
4. 監理者と工事監理者の使い分け（契約上の立場と建築士法上の立場）等を見る。

### 2）STEP 2の概要

①　本書のテーマである建築工事の「監理」は、歴史的な時代を含めて建築

の工事施工段階で従来から専門技術者等によって行われてきた業務ですが、わが国では1950年の「建築士法」の制定時に、その中から「工事監理」だけが取り出され、法で規定されて、建築士の業務独占の範囲とされました。現在では、「監理」は当事者間（建築主と建築士事務所）の契約に基づき行われる業務であり、「工事監理業務」と「それ以外の業務」に大別されます。このうち、工事監理については、建築士法や建築基準法にいくつかの定めがあります。

②　工事監理は、建築士法で「その者の責任において工事を設計図書と照合し、それが設計図書のとおりに実施されているかいないかを確認すること」と定義され、一定の建築物の工事監理は建築士でなければできない業務（建築士の独占業務）とされています。また、建築基準法で、一定の建築物の建築工事（新築）を行う場合に、工事監理者を定めることが建築主の義務とされ、工事監理者を定めない新築工事を実施することは禁止されています。

③　実務上は、「建築主と建築士事務所が監理業務委託契約（この中に工事監理業務の委託も含まれています）を結び、工事監理者を定める。」、「工事監理者となる建築士が監理業務の一環として建築士法に定められた工事監理業務を行う。」という流れになります。

④　建築士が工事監理をはじめとする監理業務を行う場合に、契約違反や不適切な行為等があった場合は、契約に基づく責任（私法上の責任とは別に）、建築士法等に基づく責任（公法上の責任）が発生し、建築士として民事責任が問われ、同時に建築士法に基づく処罰（行政処分や行政罰等）が行われる可能性があります。

3) STEP 2-1 「建築の「監理」と「工事監理」のしくみ、意味や違い等を理解しよう」のまとめ

①　建築工事の監理業務は、建築士法制定以降は、「工事監理（及び工事監理に関する業務）」の業務と「工事監理（及び工事監理に関する業務）を除く」業務に大別され、監理は建築士法上の義務である工事監理を含むものの、契約上行うより広範な業務を指しています。

②　工事監理は、工事が設計図書のとおりに出来ているかいないかを、そのものの責任において、設計図書と「照合」し「確認」するというかなり限定された業務です。

③　工事監理は建築士法（公法上）の責任を負いますが、契約によって行う監理業務に含まれているので、私法上の契約責任もそれぞれ別個に、また、公法上の責任と同時に負う可能性があります。

④　「工事監理を除く」監理業務においても、建築士として行った業務について不誠実な行為などがあれば、建築士は、建築士法上の処罰規定（公法上の責任）を課せられる可能性があります。

⑤　建築士法上の義務である「工事監理」の業務を、そのものの責任において行う者が建築基準法で規定する「工事監理者」です。

⑥　法文の上では、業務委託契約でいう「設計・監理」「監理」「監理者」などの用語は一切登場しません。

### 4）STEP 2-2「工事監理が公法上の規定である理由等について」のまとめ

①　建築基準法や建築士法の規定による工事監理は、設計図書と工事の各段階の結果に対する「照合」と「確認」で、これは工事に関する各種「検査」の実施及びそれに関連する業務のうち、特に「設計図書」を対象とする検査等の業務に近似する概念です。

②　建築士法の制定以後、建築士が工事施工段階で広範に行っているさまざまな検査（照合・確認等）や指導・監督的な業務を含んだ監理業務のうちから、独占業務として「設計図書」との「照合・確認」のみを抽出したものが、法で規定する「工事監理」です。

③　「工事監理」は、一定の建築物を建築するために建築士の責任によって作成された（一定の質や性能の確保を含む適法な）設計図書のとおりに、建築物を適法で建築することを担保するために設けられた法のしくみのひとつです。

④　わが国の建築生産のシステムにおける適法な建築づくりは、工事請負契約、建築基準法を中心とした確認検査機関による確認審査や法定検査、工事監理者による工事監理（建築士法）を中心に担保されています。

⑤　工事監理は、その言葉の響きから、専門資格者として施工全般について指導、監督、監理、管理、品質管理、現場運営等をする業務である、というイメージを持たれることがありますが、そうした業務は、直接的には建築士法でいう「工事監理」の業務ではありません（106頁の図8参照）。

## 5) STEP 2-3「法では（2つの）区別がある建築士が行う業務」のまとめ

①　資格者でなければできない業務を独占業務（業務の履行において資格要件がある）といい、建築士の独占業務は、一定の建築物の「設計」と「工事監理」のみです。したがって、一定の建築物では、建築士でないものは「工事監理」をすることはできません（工事監理は建築士の業務独占の範囲内です）。

②　「工事監理」と「工事監理以外の業務（法的な義務規定のない業務）」の違いは独占、非独占の違いでもあります。

③　非独占業務（資格要件のない業務）を含む「工事監理以外」の監理業務全般を総合的に無資格者が業務として行った場合には、建築士の独占業務内容に抵触する可能性があります。

## 6) STEP 2-4「監理者と工事監理者」のまとめ

①　「工事監理者」とは、形式的には確認検査機関等に「工事監理者として届けられた者」をいいます。個別の業務によっては、複数の工事監理者が置かれる（届けられる）場合があります。

②　建築基準法、建築士法には監理者の規定はなく、工事監理者のみが定められていますが、業務委託契約では、一般に工事監理を含む包括的な監理業務を委託するので、契約上これを行うものは「監理者」となります。

③　「監理者」は、契約当事者（建築士事務所の開設者）の場合と、当該事務所の監理業務の担当者（管理建築士や所属する建築士）の場合があります。これらは同一者となるケースもありますが、監理者は、工事監理をあわせて行うことから、開設者が行う場合には建築士（資格者）である必要があります。

〈STEP 2：基本事項の解説②〜④で取り上げている用語〉
〈建築士事務所〉、〈建築士事務所との業務委託契約〉、〈設計者〉、〈工事施工段階の設計業務〉、〈(建築士事務所の)開設者や管理建築士〉、〈工事監理及び工事監理に関する業務〉、〈工事監理者〉、〈設計・監理〉、〈建築基準法や建築士法の規定による工事監理〉〈工事の指導監督〉、〈建築物を建築する〉、〈総合領域としての建築〉、〈一定の建築物の設計と工事監理(建築士法の独占業務の規定)〉、〈監理者の行う業務全般〉

## 7-3　STEP 3　〈工事監理の業務について見てみよう〉のまとめ

〈STEP 3のキーワード：工事監理、確認対象工事に応じた合理的方法、業務報酬基準、工事監理ガイドライン、四会連合協定建築設計・監理等業務委託契約約款、標準的な工事監理業務の内容、監理と工事監理、公法と私法、公法上の責任と私法上の責任、建築士法と建築基準法〉

　STEP 3〈工事監理の業務について見てみよう〉では、「工事監理」の業務内容をまとめています。工事監理の標準的な業務内容については、告示第15号、工事監理ガイドライン、四会連合協定建築設計・監理等業務委託契約約款及び契約書類を参照しています。主なポイントは次のとおりです。

### 1）STEP 3の3つのポイント

**Point**

1. 建築の「工事監理」の業務の対象、その範囲はどこまでか、また工事監理を行う方法について見る。
2. 監理や工事監理は、設計変更や設計の補完行為とは別の業務であることを見る。
3. 工事監理に関する標準的な業務内容を業務報酬基準の告示第15号等で具体的に見る。

## 2）STEP 3 の概要

　工事監理は、建築士法で「その者の責任において、工事を設計図書と照合し、それが設計図書のとおりに実施されているかいないかを確認すること」と定義されていますが、工事と設計図書の照合・確認の具体的な対象、範囲、方法（何をどうやって、どこまで照合・確認するか）については何も定められていません。これに関し、業務報酬基準の告示や工事監理ガイドラインにおいて、工事と設計図書との照合・確認は、確認対象工事に応じた合理的方法であればよいとの考え方が示されています。

　工事監理業務の標準的な内容は、業務報酬基準における標準業務や工事監理ガイドラインが参考になるほか、標準的な監理業務の委託契約書である「四会連合協定　建築設計・監理等業務委託契約約款」の基本業務内容も参考になります。これらは、各々整合をとって作成されており、工事監理業務の標準的な内容として、①工事監理方針の説明等、②設計図書の内容の把握、③設計図書に照らした施工図等の検討及び報告、④工事と設計図書との照合及び確認、⑤工事と設計図書との照合及び確認の結果報告等、⑥工事監理報告書等の提出、が定められています。STEP 3 では、これらの業務の共通点について、建築士の独占業務のグループであること、あるいは、法で規定された業務とそれ以外の業務の区別などの観点から解説しています。

## 3）STEP 3-1 「工事監理の対象、範囲と確認の方法」のまとめ

① 建築士法の趣旨によれば、基本的には設計図書に含まれる内容のどの部分も、工事監理の対象外とすることは出来ない、という考え方があります。

② 一方でごく小規模の建築物でさえ、工事のすべての項目にわたって全箇所・全数について限られた時間（工期）や報酬（対価）条件の下で設計図書と照合・確認することはきわめて困難なので、告示第15号や工事監理ガイドラインでは、大森文彦氏（弁護士・東洋大学教授・1級建築士）が提示する考え方、すなわち工事監理は、確認対象工事に応じた「合理的な方法」でこれを行えばよいという考え方を踏襲しています。

③ 合理的な確認方法とは、具体的には全数確認を前提とせず、抽出による確認を立会い確認や書類確認に採り入れた方法などによって、客観的、技

術的にみておおむね妥当性があり、民法でいう善管注意義務（民法第644条）を果たしながら、個々の工事監理者が自ら的確に判断すべき方法とされています。また、工事監理を含めた監理業務の実施方法等について設計図書等に定めがある場合は、その方法等が最優先されることになります。したがって、設計図書との照合・確認については、いかに「合理的な確認方法」によって、これを行うのかという、設計段階での、あるいは（工事）監理業務を開始する段階での、工事監理方針の立て方などが重要となります。

④　「設計」と「監理」は、同一人が連続して行う場合でも、それぞれ独立した全く別の業務です。工事施工段階で行われる「設計業務の補完」行為は、結果的に工事請負契約の内容を逸脱することで、工事請負契約の対価性を損ねる可能性があるので注意が必要です。

⑤　工事施工段階で、設計者は「設計意図の伝達業務」を行うことがありますが、これは不十分な設計自体の補完行為ではなく、あくまで設計の意図伝達のための業務と考えられます。

### 4）STEP 3-2「工事監理業務の内容」のまとめ

①　工事監理の標準的な業務内容は、国土交通省告示第15号による「工事監理に関する標準業務」が該当します。それらは 1. 工事監理方針の説明等、2. 設計図書の内容の把握、3. 設計図書に照らした施工図等の検討及び報告、4. 工事と設計図書との照合及び確認、5. 工事と設計図書との照合及び確認の結果報告等、6. 工事監理報告書等の提出、の6項目ですが、このうち、4～6は法で規定された業務で、4は建築士法上の工事監理に該当し、1～3は工事監理と密接にかかわる業務であることから、これらはすべて建築士の独占業務と考えられます。

②　工事監理の合理的確認方法の目安（標準的な業務履行方法の選択肢）は、国土交通省住宅局建築指導課による「工事監理ガイドライン」にありますが、これらは、どの方法によるかを強制するものではありません。

③　工事監理を含む標準的な監理業務委託契約書としては、四会連合協定版「建築設計・監理等業務委託契約約款及び契約書類」があります。ここでは、業務委託書に上記①の告示第15号の標準業務内容を、業務委託契約に

おいて標準的に履行する「基本業務」としていますが、内容はほぼ同じです。

---

〈**STEP 3：基本事項の解説⑤〜⑥で取り上げている用語**〉
〈工事監理の対象外とすることは出来ない〉、〈合理的な方法でこれを行う〉、〈設計図書等〉、〈設計の意図伝達業務〉、〈不完全な設計業務の補完行為〉、〈設計等の業務〉、〈四会約款〉、〈インターネットでの入手方法〉、〈全数確認〉、〈工事監理ガイドラインの手引き〉

---

## 7-4　STEP 4　〈工事監理に関する業務を除くその他の監理業務について見てみよう〉のまとめ

〈STEP 4のキーワード：監理、業務報酬基準、四会連合協定建築設計・監理等業務委託契約約款、標準的な監理業務の内容〉

　STEP 4〈工事監理に関する業務を除くその他の監理業務について見てみよう〉では、STEP 3でみた工事監理を除く「監理」業務についてまとめています。監理の標準的な業務内容については、告示第15号、四会連合協定建築設計・監理等業務委託契約約款および契約書類を参照しています。主なポイントは次のとおりです。

### 1）STEP 4の3つのポイント

**Point**

1．建築の監理業務のうち、「工事監理（及び工事監理に関する業務）を除くその他の業務」は契約上「監理業務」の一部と位置付けられ、「工事監理（及び工事監理に関する業務）」と一体として行う業務である。
2．上記の業務内容を業務報酬基準の告示第15号の標準業務等で具体的に見る。

> 3．監理の追加的な業務とは、告示の標準業務や四会約款の基本業務には含まれていない標準外の業務、すなわち必要に応じて建築主との合意に基づき、契約（特約）によって追加で行う業務であり、その内容を見る。

## 2）STEP 4 の概要

　工事監理を除く監理業務については、建築士法や建築基準法には用語の定めはありません。したがって、告示第15号でも「監理」という用語は一切用いられておらず、わざわざ工事監理（及び工事監理に関する業務）を除く「その他の業務」と表現されているのです。監理業務は、当事者間の業務委託契約により定められる業務です。

　こうした監理業務の標準的な内容は、業務報酬基準の告示第15号の標準業務及び「四会連合協定建築設計・監理等業務委託契約約款」の基本業務の内容が参考になります。これらは、各々整合をとって作成されています。

　なお、ケース・バイ・ケースですが、個別の業務委託契約においては、これら以外の業務（追加業務）を特約によって同時に行うこともあります。

## 3）STEP 4-1「工事監理及び工事監理に関する業務を除くその他の監理業務とは」のまとめ

① 　工事監理以外の監理業務の標準的な業務内容は、業務独占の範囲外（資格要件が不要）と考えられますが、一般的には、業務委託契約によって工事監理と一体で建築士が標準的に行う業務です。告示第15号の「その他の標準業務」が参考になりますが、工事監理についてのみ定めた「工事監理ガイドライン」は参照できません。告示第15号では内容として、１．請負代金内訳書の検討及び報告、２．工程表の検討及び報告、３．設計図書に定めのある施工計画の検討及び報告、４．工事と工事請負契約との照合、確認、報告等、５．工事請負契約の目的物の引渡しの立会い、６．関係機関の検査の立会い等、７．工事費支払いの審査、の標準業務が定められています。

② 　四会連合協定版の業務委託契約の業務委託書では、告示第15号の「その

他の標準業務」を契約における監理の「基本業務」としていますが、その内容はほぼ同じです。

4）STEP 4-2「標準的な業務内容に含まれない追加的な監理業務の内容」のまとめ
　①　監理の追加業務、すなわちオプション業務は、報酬を含め個別の業務委託契約で当該契約書に委託者と合意の上で履行内容や報酬、履行期間などの条件を明示することになります。
　②　追加業務は、標準業務内容に含まれない業務ですが、標準業務に付随する業務（告示第15号や国土交通省住宅局長通知などに示される）と、別途に単独で履行する業務があります。これらは四会連合協定版の業務委託契約書類では、別添の「オプション業務一覧表」に多くの業務例があります。

〈STEP 4：基本事項の解説⑦で取り上げている用語〉
〈「標準業務に付随する標準外の業務」と「オプション業務」〉、〈通知Ⅱ-1・4-(2)-(ハ)〉

## 7-5　STEP 5　〈（工事）監理者にとって必要な最小限の法的知識を学ぼう〉のまとめ

〈STEP 5のキーワード：公法、私法、法的責任、民事責任、契約責任、不法行為責任、刑事責任、行政処分〉

　STEP 5〈（工事）監理者にとって必要な最小限の法的知識を学ぼう〉では、今までのステップで見てきた工事監理業務や工事監理を除く監理業務における法的責任についてまとめています。建築の監理者に係る法的責任には、民事責任、刑事責任、行政処分（行政刑罰を含む）がありますが、ここでは、民事責任に該当する契約責任、不法行為責任などを中心に解説しています。こうした基礎知識は、建築士の日常業務にとっても、あるいは社会人としても極めて有用なものといえるでしょう。主なポイントは次のとおりです。

1）STEP 5 の 3 つのポイント

> **Point**
> 1．公法、私法と監理、工事監理との関わりを見る。
> 2．契約とは何か、どうすれば成立するのか、成立するとどういう効力があるのか、その効力から逃れる方法はないのかについて見る。
> 3．不法行為とは何か。工事監理者が他の一般国民に対して負う注意義務に関して、注目すべき最高裁判例を見る。

2）STEP 5 の概要

　わが国の法は、国家と国民との権利義務関係を規律するグループ（公法）と国民同士の権利義務関係を規律するグループ（私法）の 2 つにわけられます。建築基準法、建築士法などは公法です。

　法律上の不利益や制裁を負わせることを法的責任といい、民事責任と刑事責任にわけられ、民事責任には契約責任と不法行為責任があります。刑事責任は一定の要件に該当する行為に対し公法上の責任を科すものです。なお、これらとは別に、行政法規に違反した場合に行政から処分を受けることもあります。

　建築設計や工事監理などの業務実施に先立ち、当事者間で契約が締結され、当事者には契約内容を守る法的義務が生じます。これに反する行為を行った場合、それがその者の帰責事由によるときは、相手方に生じた損害を賠償する責任が生じます。契約内容は、原則として当事者間で自由に決められますが、標準的な契約書のモデルとして、「四会連合協定建築設計・監理等業務委託契約約款」が参考になります。

3）STEP 5-1「監理業務の法的責任の種類」のまとめ

① 法的責任には、公法上の責任（刑事責任）、私法上の責任（民事責任）のほか、行政法（公法）上の義務違反に対する責任（行政処分）があります。

② 公法上の責任と私法上の責任は、責任を負う相手が違います。ひとつの行為であっても、それぞれの法的責任は個別に、また同時に負う可能性が

あります。

4）STEP 5-2「契約責任」のまとめ
① 契約とは、（複数の対立する）意思表示の合致、あるいは特定の相手との（法的な意味での）約束事のことですが、契約の当事者は、原則として自由に内容等を決められます。
② 民法のルールとは別に、建築士法には、重要事項説明と契約締結後の書面交付という、設計と監理業務委託契約の成立に関する別段の定めがあります。
③ 契約は約束したときに、また口頭で成立しますが、後日の紛争防止のためには契約書を作成すべきでしょう。契約はいったん成立すると、当事者双方に契約内容を守る法的な義務が生じ、勝手に破棄することもできません。

5）STEP 5-3「工事監理・監理の契約上の注意義務」のまとめ
① 工事監理は、一般に民法上の準委任契約とされることから、工事監理者は、善良な管理者の注意をもって事務を処理する義務を負います。（善管注意義務：民法第644条）この注意義務に違反すると、それによって建築主に損害が生じた場合には、建築主に対し、損害を賠償する義務を負う可能性があります。
② 工事監理者の善管注意義務は、工事監理者に一般的に備わっているものとして要求される注意義務と考えられます。

6）STEP 5-4「四会連合協定建築設計・監理等業務委託契約約款」のまとめ
① 契約に際して、その書式や書類は、当事者間で自由に決められますが、「四会連合協定建築設計・監理等業務委託契約約款」は、調査企画、設計、監理の契約業務を進める上で必要なルールを定めた、公平性の高い約款です。
② 業務の具体的内容は、四会約款では、業務委託書で定めます。その内容

は基本業務とオプション業務で構成され、これが個別の契約内容になります。
③　業務委託書の基本業務は、告示第15号の標準業務とほぼ同じですが、強制ではない告示第15号を、法的拘束力のある契約内容とするために基本業務に置き換えており、監理者の承認権限を認めるなど、若干異なる部分もあります。

7 ) STEP 5-5「不法行為責任」のまとめ
①　故意又は過失によって他人の権利を侵害し、損害を与える行為は不法行為となる可能性があります。不法行為が認められると損害賠償責任を負うことになります。建築士は設計者や監理者として、契約責任のみならず、不法行為責任をも負う可能性がある点に注意しなければなりません。
②　不法行為責任は適用場面に制限が無く、契約の有無とは関係ありません。建築士が設計者や監理者として負う不法行為責任は、一般国民に対して負っている注意義務に違反した場合に生じる責任です。

8 ) STEP 5-6「監理者と工事監理者の権限」のまとめ
①　監理者の業務内容や権限は、工事監理を除いて、建築主との間の契約で自由に定められます。ただし、監理者の工事施工者に対する権限は、建築主と監理者の間の契約だけでなく、建築主と工事施工者との間の工事請負契約でも定めておく必要があります。
②　工事監理者の行う確認行為には、本来、裁量はありません。ただ、照合の対象である設計図書の記載内容が抽象的な場合などでは、設計図書の読み手としての工事監理者に、ある幅の中で裁量権限が認められ得るとも考えられますが、その判断は難しいので、基本的には建築主を通じて設計者に確認すべきでしょう。
　　工事監理業務委託契約上の工事監理者の権限は、建築士法第18条第3項に示されている義務の内容（工事施工者に対して設計図書のとおりに実施するよう求める）と同様と考えられます。

---〈STEP 5：基本事項の解説⑧〜⑩で取り上げている用語〉---
〈民法第709条〉、〈刑法第211条〉、〈建築士法第26条第2項第3号〉、〈一連の契約書式〉

## 7-6　STEP 6　〈(工事)監理者が知っておくべき手続き、しくみを学ぼう〉のまとめ

〈STEP 6のキーワード：建築士法、工事監理、独占業務、建築基準法、業務報酬基準〉

　STEP 6〈(工事)監理者が知っておくべき手続き、しくみを学ぼう—工事監理の規制等—〉では、建築士法、建築基準法、建設業法、さらには建築士の処分や業務報酬基準などの手続きやしくみについて、解説しています。主なポイントは次のとおりです。

### 1) STEP 6の4つのポイント

**Point**

1. 建築士法、建築基準法、建設業法はどういった法律か、その概要を見る。
2. 工事監理を中心に、これら3つの法律が建築物の質や性能を確保するためにどういった手続き、しくみを用意しているのかについて見る。
3. 建築士法に基づく建築士の処分のしくみは、どういったものか、また工事監理に関する処分の事例として、どのようなものがあるのかを見る。
4. 設計・工事監理等の業務に関する業務報酬基準とは、どのようなものかについて見る。

## 2）STEP 6 の概要

　建築士法は、建築士の試験・登録等の制度を定めるとともに、建築士の業務独占、建築士事務所登録など建築士が業を営む場合の措置、建築士の処分などを定めており、工事監理についても建築士法の規定があります。

　建築基準法は、建築物の最低基準を定め、建築物がその基準に適合することを求めており、建築主の申請に基づき、建築主事や指定確認検査機関が建築計画や工事の状況（中間段階、完了段階）が基準に適合していることを確認、検査する手続き等を定めています。一定の建築物の工事監理については、建築主に工事監理者を定めることを義務付け、これに違反する建築工事は行うことが禁止されています。

　近年、不適切な工事監理等に関し建築士が行政処分される事例が散見され、本ステップでは、その具体事例を示しています。さらに設計や工事監理を行った場合の報酬に関し業務報酬基準（業務報酬基準の告示第15号）が定められ、標準的な内容の業務を実施した場合の標準的な業務量が略算方法として定められていますが、この略算方法による設計、工事監理の業務報酬の算定方法の一例を示しています。

## 3）STEP 6-1「建築士法」のまとめ

① 　戦災復興期から高度経済成長期等を通じて、相当数の建築士が建築生産の現場に従事し、建築士制度は、わが国の建築生産の現場における建築物の質や性能の確保に大きな役割を果たしたといわれています。

② 　業務独占とは国民の権利や生命、財産等の安全の確保等を図るため、特定の専門的な業務について、資格者のみが独占的、排他的に当該業務を行うことができるというもので、当該資格者は法律により規制を受けるとともにその権限が保護されています。一定の建築物の設計や工事監理は建築士の独占業務です。

③ 　建築士法などの法で規定する設計や工事監理の業務は、現実に行われていた業務の中で典型的かつ重要なものを抽出して定義したことから、実際の設計業務や監理業務（実務）の方が、法によって規定され独占業務とされる「設計」・「工事監理」よりも広い概念となっています。

④　建築士法では、設計、工事監理と建築工事契約に関する事務、建築工事の指導監督、建築物に関する調査又は鑑定、建築物の建築に関する法令又は条例の規定に基づく手続きの代理その他の業務を、他人の求めに応じ報酬を得て、すなわち業務として行う場合に、建築士事務所を定めて、都道府県知事の登録を受けなければならないとしています。

## 4）STEP 6-2 「建築基準法」のまとめ

①　建築基準法に定める最低基準は、それぞれの建築物の地震、火災等に対する安全性等を確保する観点から定められている単体規定と、原則として都市計画区域内における用途、接道、容積、高さ、日影などについて制限を定めている集団規定に大別されます。

②　建築基準法では、工事監理者を「建築士法第2条第7項に規定する工事監理をする者」とし、建築士の業務独占の範囲に対応した一定の建築物について、建築主に工事監理者を定めることを義務付け、これに違反する場合の建築工事を禁止しています。また、これらの建築物の設計を建築士が行っていない場合についても、建築工事を行うことができないとしています。さらに、これらを建築確認申請の受理要件のひとつとすることで、建築士の業務独占を建築基準法の手続きの中でチェックするしくみとしています。

　これらのほか、確認申請書、検査申請書等に設計者・工事監理者名等を記載することを求めています。これらの建築基準法の規定によって、建築士法に規定された建築士による設計・工事監理業務の実施が実質的に担保され、建築基準法と建築士法は、一体となって、建築物の安全性等の質の確保を図るしくみを構築しています。

## 5）STEP 6-3 「建設業法」のまとめ

①　建設業法では、2以上の都道府県の区域内に営業所を設ける場合は、国土交通大臣の許可、ひとつの都道府県の区域内のみに営業所を設ける場合は、当該都道府県知事の許可が必要となります。また、許可にあたっては、建設工事を28種類にわけて、工事の種類ごとにそれぞれ建設業許可が必要

とされるほか、一般建設業と特定建設業の区分があります。
② 建設業法では、工事請負契約時に書面を交付することを義務付けています。また建設工事の適正な施工技術確保の観点から、建設業許可の際の要件として工事現場に技術者を置くことを義務付けています。

6）STEP 6-4「工事監理に関する手続き、しくみ」のまとめ
① 一定の建築物の設計は、建築士の独占業務であり、「建築士は、設計を行う場合においては、設計にかかる建築物が法令又は条例の定める建築物に関する基準に適合するようにしなければならない」（建築士法第18条）と規定し、建築士に法令適合の義務を課しています。また建築基準法に定める建築確認制度において、建築主事や指定確認検査機関がチェックを行い、法に適合していることを確認し、確認済証が交付された後でなければ、建築工事を行ってはならないこととされ、一連の建築基準適合を担保しています。
② 建築士法では、一定の建築物について建築士が工事監理を行わなければならないとし、建築基準法では建築士である工事監理者を定めることを建築主に義務付け、これに違反する建築工事はすることができません。また、建築基準法では、完成時に行政や指定確認検査機関による検査を受け、検査済証の交付を受けた後（すなわち、建築物の基準適合が確認された後）でなければ建築物を使用してはならないとしています。
③ 建築士法では工事監理者が、工事が設計図書のとおりに実施されていないと認めた場合、工事施工者に対しその旨を指摘し、当該工事を設計図書のとおり実施するよう求め、工事施工者がこれに従わないときは、その旨を建築主に報告することになっていますが、この工事監理者の求めに従わない理由がある場合は、建設業法第23条の2の規定により工事施工者は建築主（注文者）に対して、その理由を報告することとなっています。

7）STEP 6-5「処罰規定と処分等の事例」のまとめ
① 建築基準法等の基準に違反する不適切な設計等を行った場合、建築士であるか否かを問わず、罰則が適用される可能性があります。さらにこうし

た行為を建築士が行った場合は、建築士法に基づき建築士に対する懲戒処分、建築士事務所開設者に対する監督処分が行われる可能性があります。
② 建築士の処分基準では、懲戒事由に対応するランクを基本に、複数の懲戒事由に該当する場合、個別事情によるランクの加重又は軽減を勘案して、処分のランクを決定するしくみとなっています。

## 8）STEP 6-6「業務報酬基準（告示第15号）」のまとめ

① 一定の建築物の設計・工事監理は、建築士法において建築士の独占業務とされていることから、その業務報酬を不当に引き上げたり、また、逆にそれが過当競争により過度に引き下げられることで、建築士の業務の適正な執行が妨げられると社会的な問題となる可能性があります。建築士法第25条において、「国土交通大臣は、中央建築士審査会の同意を得て、建築士事務所の開設者がその業務に関して請求することの出来る報酬の基準を定め、これを勧告することができる」とされており、これに基づき、業務報酬基準が告示として定められています。
② 業務報酬基準は具体的な報酬額を定めているものではなく、また、業務報酬基準そのものには強制力はありません。この基準は、あくまで目安であり、当事者間の契約に基づいて個別の事情に応じた業務報酬の算定を妨げるものではありません。
③ 業務報酬は略算表を用いて算定できますが、その手順は、
　1) 対象となる建築物の用途や床面積等を確認し、略算表の該当する欄の標準業務量を用いる（標準業務に含まれない追加的な業務を付随して実施する場合には、その業務量を追加）
　2) 1)で算定した業務量に人件費単価を乗じて直接人件費を算定
　3) 2)で算定した直接人件費に2.0を乗じて直接人件費、直接経費及び間接経費の合計を算定し、これらに特別経費や技術料等経費を加える
となります。

〈STEP 6：基本事項の解説⑪で取り上げている用語〉
〈建設業許可の建設工事の区分〉

《あとがき》

　以上で本書、7つのステップでしっかり学ぶ―「よくわかる建築の監理業務」の学習はすべて修了しました。建築士資格を取得後、特に実務をとおして監理業務を学び、実践してきた方々の中には本書の学習の過程で、今まであまり気にしていなかった内容や自己の知識や経験とは異なる内容があったことに戸惑いを覚えたかもしれません。個々の経験は、常に100％正しいというわけではなく、自らの経験自体に思い込みや錯誤が含まれていないとは限りません。個別の体験は、適正な知識と適切な学習に裏打ちされることによって、はじめて単なる印象から経験となり、真の知識、知恵の蓄積につながるといわれています。

　実務者をはじめ、建築主、工事施工者などの建築をつくる関係者が、本書の内容を参考にすることで、今後の、より適切な建築の「監理業務」の構築や、理解の一助となること、それが結果としてよりよい建築づくりに結実していくことが本書の目的であり、そうした目的に向けて少しでも本書を役立てていただければ幸いです。

　また、本書に掲載、引用、紹介した法令告示、ガイドライン、契約約款、書籍などは、今後改正、改訂される可能性がありますので、その点には十分留意してください。

　本書の刊行にあたっては、生駒勝氏（(株)日本設計VMC群）、天野禎蔵氏（日建設計コンストラクション・マネジメント(株)）、豊田鐵雄氏（(株)日建設計）の各氏に執筆グループ、企画編集等へのさまざまな助言ならびにご支援をいただきました。あらためて深く御礼と感謝を申し上げます。

（執筆者一同）

本書の担当執筆者（五十音順）

STEP1：　　大森文彦　後藤伸一　宿本尚吾
STEP2〜STEP4：　後藤伸一
STEP5：　　大森文彦
STEP6：　　宿本尚吾
STEP7：　　大森文彦　後藤伸一　宿本尚吾


著者紹介

大森文彦　／　弁護士、東洋大学法学部教授、1級建築士
後藤伸一　／　ゴウ総合計画(株) 代表取締役、大学・大学院講師、1級建築士
宿本尚吾　／　国土交通省住宅局

7つのステップでしっかり学ぶ
よくわかる　建築の監理業務

2013年9月10日　第1版第1刷発行

著　者　　大　森　文　彦
　　　　　後　藤　伸　一
　　　　　宿　本　尚　吾

発行者　　松　林　久　行

発行所　　株式会社 大成出版社

東京都世田谷区羽根木1-7-11
〒156-0042　電話03(3321)4131(代)

©2013　大森文彦・後藤伸一・宿本尚吾　　　印刷／亜細亜印刷
落丁・乱丁はお取替えいたします。
ISBM978-4-8028-2952-6